生活难题一键解
豆包实用全攻略

杜子建 著　希蕊 策划

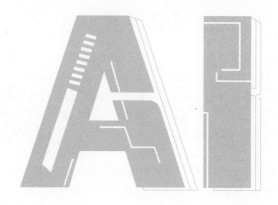

人民邮电出版社
北京

图书在版编目（CIP）数据

生活难题一键解：豆包实用全攻略 / 杜子建著.
北京：人民邮电出版社，2025. -- ISBN 978-7-115
-67039-7

Ⅰ．TP18

中国国家版本馆 CIP 数据核字第 20255GZ017 号

内 容 提 要

本书以豆包为工具，覆盖生活全场景，帮助解决"不会用 AI""不敢用 AI"等认知障碍，是一本零基础、场景化、即学即用的操作指南。

本书共 14 章，包括豆包的注册和设置、辅导学习、日常写作、生活难题解答、新技能学习、用短视频记录生活、经营小买卖、休闲娱乐、拍摄爆款视频、丰富晚年生活、短视频脚本创作、找到赚钱方法等内容，全面解决"教育""生产""娱乐""赚钱"四大刚需。本书通过近 100 个真实案例，结合操作视频，帮助用户快速掌握豆包这一 AI 工具的使用技巧。

本书适合对 AI 感兴趣，希望使用 AI 解决问题的读者阅读。

◆ 著　　　杜子建
　责任编辑　刘雅思
　责任印制　王　郁　胡　南

◆ 人民邮电出版社出版发行　北京市丰台区成寿寺路 11 号
邮编 100164　电子邮件 315@ptpress.com.cn
网址 https://www.ptpress.com.cn
文畅阁印刷有限公司印刷

◆ 开本：880×1230　1/32
印张：5　　　　　　　　2025 年 5 月第 1 版
字数：106 千字　　　　2025 年 5 月河北第 1 次印刷

定价：34.80 元

读者服务热线：(010)81055410　印装质量热线：(010)81055316
反盗版热线：(010)81055315

前言 PREFACE

豆包是字节跳动家族的 AI 产品，与抖音是兄弟产品。它就像一个随时在线的智能小助手，不管你是打字问，还是直接语音说，它都能听懂你的需求，帮你解决各种问题。无论是做饭、写总结、学英语，还是提醒日程、推荐电影，豆包都能轻松应对。

扫码看视频

这本书的写作目的很简单，就是帮你轻松掌握豆包的各种功能，让它成为你生活中的得力助手。不管你是想解决日常问题、学习新技能，还是想通过抖音赚钱，豆包都能帮你搞定。

这本书从最基础的注册、登录开始，一步步教你如何使用豆包的各种功能。例如，怎么用豆包辅导孩子写作业、怎么用豆包写文章、怎么用豆包拍短视频，甚至怎么用豆包赚钱。案例丰富，操作步骤简单明了，就算是第一次使用豆包的人也能轻松上手。

书里还特别贴心地为大家准备了很多实用的小技巧。例如，怎么提问才能让豆包更懂你，怎么设置豆包让它更符合你的使用习惯，甚至怎么用豆包生成图片、创作歌曲、解数学题，等等。无论你是年轻人、老人还是孩子，都能在这本书里找到适合自己的豆包使用方法。

总之，这本书能够让你的生活更轻松、更高效。豆包就像你的"智能小跟班"，随时待命，帮你解决各种难题。希望你能通过这本书更好地利用豆包，让它成为你生活中的好帮手。

赶紧翻开本书，跟着步骤一步步操作吧。你会发现，豆包真的能让你的生活变得更简单、更有趣！

目录 CONTENTS

第1章 打开智能生活新大门

1.1 豆包是何方神圣 　　2
1.2 注册、登录就几步，轻松开启奇妙之旅 　　3
1.3 探秘豆包主界面，这些功能别错过 　　6
1.4 简单设置，让豆包更懂你 　　10
1.5 快速上手小秘诀，新手秒变"老玩家" 　　15
1.6 豆包回复有妙招，"5步高效提问法"轻松拿捏 　　18
1.7 不会写字别发愁，玩转豆包有妙招 　　20
1.8 别担心！揭秘使用豆包的安全保障 　　21

第2章 豆包助力孩子成长

2.1 辅导作业不再愁，豆包妙招来帮忙 　　24
2.2 激发学习兴趣，让孩子主动爱上学习 　　25
2.3 传授学习方法，孩子成绩一路飙升 　　26
2.4 缓解学习焦虑，心态轻松学习好 　　27
2.5 孩子沉迷网络，豆包教你巧妙应对 　　28
2.6 量身定制学习计划，孩子进步看得见 　　29
2.7 考试复习不用慌，豆包帮你出方案 　　30
2.8 疑难问题全解答，孩子学习好帮手 　　31

第 3 章 写作有困难，豆包来救场

3.1 写家书不知咋下笔，豆包教你诉真情 33
3.2 借条这样写，规范又安心 34
3.3 请假条小窍门，轻松获批没烦恼 35
3.4 村里通知咋写清，豆包给你好思路 36
3.5 夸夸村里好人好事，文案轻松搞定 37
3.6 回忆小时候，让文字充满温暖和童趣 38
3.7 记录村里新鲜事，把生活写成故事 39
3.8 写作没灵感，豆包帮你脑洞大开 40

第 4 章 生活难题问豆包，轻松解决没烦恼

4.1 生活小窍门，一问豆包全知道 42
4.2 家禽家畜养殖秘诀，豆包倾囊相授 43
4.3 庄稼种植遇问题，豆包帮你找对策 44
4.4 电器坏了别着急，豆包教你简单维修 45
4.5 看病挂号那些事儿，豆包帮你捋清楚 46
4.6 农村医保咋报销，豆包给你讲明白 47
4.7 农村喜事咋安排，豆包帮你出谋划策 48
4.8 农村常见纠纷咋解决，豆包教你巧化解 49

第 5 章 跟豆包学新技能，开启精彩新生活

5.1 开车先学交规，豆包带你轻松过关 51
5.2 电工基础技能，豆包教你快速入门 52
5.3 学做菜看豆包，菜谱技巧全掌握 53

5.4	简单木工活,豆包助你创意无限	54
5.5	花草养护有妙招,教你养出好风景	55
5.6	简单音乐入门,开启美妙音乐之旅	56
5.7	小生意门道多,豆包教你轻松赚钱	57
5.8	美容美发小知识,让你变身时尚达人	58

第 6 章 豆包教你拍短视频,记录乡村好生活

6.1	拍村里风景咋构思,豆包给你灵感	60
6.2	记录村民生活,这样拍超有烟火气	61
6.3	农村美食制作,镜头下的诱人美味	62
6.4	展示农村手工艺品,让传统文化绽放光彩	63
6.5	分享农村趣事,拍出欢乐与温情	64
6.6	宣传村里特产,豆包帮你吸引眼球	65
6.7	拍摄农村好人好事,传递正能量	66
6.8	短视频剪辑不求人,豆包教你简单操作	67

第 7 章 做小买卖找豆包,生意红火有妙招

7.1	卖农产品咋宣传,豆包帮你想办法	69
7.2	摆摊卖货这样吆喝,顾客纷纷来	70
7.3	开网店咋起步,豆包带你迈出第一步	71
7.4	找进货渠道,豆包给你实用方法	72
7.5	算账别亏本,豆包教你精打细算	73
7.6	吸引顾客小招数,生意火爆不是梦	74
7.7	处理售后问题,豆包教你妥善应对	75

| 7.8 | 同行竞争咋应对，豆包帮你出奇制胜 | 76 |

第8章　休闲娱乐好伙伴，豆包陪你乐翻天

8.1	好看的农村题材电影，豆包推荐给你	78
8.2	学跳广场舞不发愁，轻松变身舞林高手	79
8.3	好玩的手机小游戏，闲暇时光不无聊	80
8.4	跟着豆包学唱曲，唱出乡村悠长韵味	81
8.5	豆包教你扭秧歌，开启乡村欢乐时光	82
8.6	土味情话不会说，豆包教你甜蜜出击	83
8.7	讲讲笑话乐一乐，生活充满欢笑	84
8.8	豆包教你备渔具，轻松开启钓鱼之旅	85

第9章　豆包带你拍出爆款视频

9.1	确定拍摄主题，让你的视频与众不同	87
9.2	借助豆包策划拍摄内容，创意满满	88
9.3	拍摄技巧简单易学，小白也能成高手	89
9.4	拍摄场景构思与设置，营造独特氛围	90
9.5	拍摄注意事项，避免踩坑出好片	91
9.6	素材剪辑成佳作，豆包教你神操作	92
9.7	作品发布有技巧，流量满满不是梦	93
9.8	账号设置小窍门，打造专属形象	94

第10章　退休老人用好豆包，开启精彩晚年生活

| 10.1 | 退休生活小建议，让晚年生活更充实 | 96 |

10.2	身体健康小帮手，守护你的健康	97
10.3	随身生活小助手，生活琐事全搞定	98
10.4	想多挣点钱，豆包帮你出谋划策	99
10.5	缺乏社交活动怎么办，豆包给你支支招	100
10.6	带孙子意见不同，豆包帮你化解矛盾	101
10.7	记忆力下降怎么办，豆包教你小妙招	102
10.8	健康养老怎么做，豆包为你做规划	103

第 11 章　写家庭生活短视频脚本，豆包帮你出创意

11.1	确定拍摄主题，抓住观众眼球	105
11.2	故事人物咋设定，让角色鲜活起来	106
11.3	剧情咋开始才有趣，引人入胜	107
11.4	开场思路不用愁，豆包帮你想妙招	108
11.5	中间情节咋安排，跌宕起伏才有看点	109
11.6	结尾咋让人印象深，要做到回味无穷	110
11.7	拍摄场景咋选，要营造最佳氛围	111
11.8	简单分镜头咋弄，教你轻松掌握拍摄节奏	112

第 12 章　普通人靠豆包和抖音赚钱秘籍

12.1	发掘自身赚钱优势，开启财富大门	114
12.2	借助豆包找热门赚钱领域，抢占先机	115
12.3	搞好抖音账号定位与包装，打造吸睛人设	116
12.4	利用豆包创作吸睛视频，涨粉不是梦	117
12.5	抖音带货入门与实操，轻松开启赚钱路	118

12.6　抖音直播赚钱流程，带你开启直播之旅　　119

12.7　粉丝运营与变现策略，让流量变现金　　120

12.8　应对竞争与困难，豆包帮你突破困境　　121

第 13 章　探索豆包更多玩法，解锁无限可能

13.1　让豆包帮你创作歌曲，展现音乐才华　　123

13.2　让豆包帮你写作，诗歌一挥而就　　124

13.3　让豆包帮你生成图片，品尝创意视觉盛宴　　125

13.4　让豆包帮你的图片动起来，惊艳众人　　126

13.5　让豆包帮你搜热点，紧跟潮流步伐　　128

13.6　让豆包和你聊天，畅所欲言无界限　　129

13.7　让豆包帮你点歌，随时随地享受音乐　　130

13.8　让豆包帮你解题答疑，知识难题全攻克　　131

第 14 章　用好豆包小窍门，体验升级超畅快

14.1　生成你的智能体，开启独特互动体验　　134

14.2　智能体个性设置，打造独一无二的它　　137

14.3　与豆包的智能体交朋友，乐趣无穷　　140

14.4　在豆包里用自己的声音说话，超有代入感　　143

14.5　好内容随时分享，文件导出轻松搞定　　144

14.6　收藏内容哪里找，轻松查找不迷路　　146

14.7　豆包提问小技巧，获取精准答案　　148

结束语　　150

第 1 章

打开智能生活新大门

1.1 豆包是何方神圣

豆包是由字节跳动推出的一款智能助手，与抖音同属一个大家族。它利用先进的人工智能技术，帮助用户解决日常生活中的各种问题。无论是通过文字输入还是语音对话，豆包都能与你流畅交流，成为你生活中的得力助手。

1. 省时省力，提高效率

豆包最显著的优势就是能帮你节省时间和精力。以前遇到不懂的问题，可能需要花费大量时间上网搜索或请教他人，而现在只需要问豆包即可：想做菜但不知道步骤，豆包立刻为你提供详细菜谱；写工作总结没思路，豆包帮你列出清晰的大纲。它就像一本随时在线的"百科全书"，能快速为你提供答案，让生活更高效。

2. 学习新知识，提升自己

豆包不仅是问题解决工具，还是你的"私人老师"。它能帮助你学习各种新技能：想学英语的话，豆包可以给你推荐学习资料，还能陪你练习对话；如果想了解某个领域的知识，豆包可以用通俗易懂的语言为你讲解。无论你是学生还是职场人，豆包都能帮助你不断进步。

3. 解决生活琐事，让生活更轻松

生活中的琐碎事务，豆包也能轻松搞定：提醒你重要的日程安排，避免遗忘；为你制订健身计划，帮助你保持健康；推荐好看的电影、有趣的书籍，丰富你的生活；当你心

情烦闷时，豆包还能陪你聊天，向你提供建议。它就像一个贴心的"生活管家"，让你的生活更加轻松自在。

4. 个性化服务，满足你的需求

豆包还能根据你的喜好和需求，提供定制化服务：如果你爱吃辣，它会推荐辣味菜谱；如果你正在减肥，它会为你制订健康的饮食计划。这种个性化的服务让豆包的帮助更有针对性，能真正满足你的需求。

总之，豆包是一款实用又贴心的智能助手，能够帮你解决各种问题，让生活更高效、更轻松。无论是学习、工作还是日常生活，它都能成为你的得力伙伴，为你提供随叫随到的智能服务。有了豆包，生活会变得更简单、更美好！

1.2 注册、登录就几步，轻松开启奇妙之旅

扫码看视频

豆包（如图 1-1 所示）的注册流程简单便捷，以下是详细的下载和注册步骤，帮助你快速完成账号注册。注意，豆包是一个不断升级迭代的应用，本书使用的版本是 8.0.0，不同版本的界面可能不完全相同，本书会持续更新豆包界面的教学视频。

图 1-1 豆包 App 图标

1. 下载豆包 App

如果你使用的是苹果手机（iPhone），可以打开"App

Store",在搜索框中输入"豆包",找到豆包 App 后,点击"获取"并安装。

如果你使用的是安卓手机,可以打开"应用商店"(如华为"应用市场"、小米"应用商店"、OPPO"软件商店"等),在搜索框中输入"豆包",找到豆包 App 后,点击"安装"。

2. 打开豆包 App

下载完成后,在手机桌面上找到豆包 App 的图标,点击图标,打开豆包 App。

3. 选择登录方式

打开豆包 App 后,你会看到登录界面。目前支持以下登录方式,如图 1-2 所示。

- **抖音一键登录**:点击"抖音一键登录",授权后即可快速登录。
- **手机号登录**:点击"手机号登录",系统会自动识别本机号码,点击"一键登录"即可完成登录。

4. 完成注册

选择登录方式并完成授权后,你的豆包账号就注册成功啦!你可以立即开始使用豆包的各项功能。

5. 其他注册方式(如有)

如果豆包 App 后续支持更多的注册方式(如微信、QQ、苹果账号等),你可以按照以下步骤操作。

- **微信/QQ 注册**:点击对应的图标,授权登录。
- **苹果账号注册**:点击"使用 Apple 登录",授权后完成注册。

图 1-2 豆包登录界面

> **小提醒** 如果注册或登录时遇到问题,可以尝试切换网络或重新启动 App。
> **如果还有疑问,可以继续问 AI 以下问题。**
> - AI,登录时收不到验证码怎么办?
> - AI,如何绑定其他登录方式?

1.3 探秘豆包主界面,这些功能别错过

扫码看视频

豆包的主界面的设计简洁明了,功能丰富,你可以很方便地找到所需功能。以下是主界面的详细功能介绍,分为 3 个部分:主界面核心功能键、聊天框与语音输入、内容生成与处理功能键。

1. 主界面核心功能键

在豆包主界面的底部有 5 个核心功能键,如图 1-3 所示。

图 1-3　主界面核心功能键

- **对话**。点击后进入与豆包的聊天界面,支持文字、语音等多种交互方式。

- **智能体**。进入智能体中心，浏览、创建或管理智能体，例如学习助手、健康顾问等。
- **创作**。提供多种创作工具，例如"AI 生图""帮我写作""音乐生成"等，激发你的创作灵感。
- **通知**。查看豆包的消息通知，例如日程提醒、任务更新等。
- **我的**。进入个人主页，查看账号信息、编辑个人资料、管理设置等。

2. 聊天框与语音输入

豆包的"对话"界面如图 1-4 所示，该界面包含以下关键组件。

- **聊天框**。聊天框位于界面下方，是豆包的核心交互区域。你可以直接在聊天框中输入文字提问，例如："今天天气怎么样？"豆包会实时回复。豆包支持多种场景的问答，如生活小窍门、文案撰写等。
- **语音输入按钮**。位于聊天框右侧，点击后即可开启语音输入功能。你可以通过语音与豆包交流，例如："帮我查一下明天的日程。"它特别适合开车、做饭等不方便打字的场景。
- **电话按钮**。位于聊天框的上方，点击后可以直接与豆包进行语音通话，例如："帮我规划一下今天的任务。"语音通话适合需要长时间语音交互的场景，在通话过程中，你可以调整音量或切换耳机/蓝牙设备，确保通话清晰、流畅。

图 1-4 "对话"界面

3. 内容生成与处理功能键

在"对话"界面的聊天框的上方,有一排功能键(如图 1-4 所示),提供多种实用功能。

- **深度思考**。点击该按钮后,豆包会为你提供深度分析和建议,适合复杂问题的解答。
- **帮我写作**。输入写作需求,豆包帮你生成文章、诗歌或文案,支持多次修改。

- **录音纪要**。上传录音文件，豆包自动生成文字纪要，方便整理重要内容。
- **AI 生图**。输入文字描述，豆包生成对应的图片，或对上传的图片进行优化处理。
- **拍题答疑**。拍照上传题目，豆包快速给出答案和解析，是优秀的学习助手。
- **照片动起来**。上传静态照片，豆包将其转化为动态效果，趣味十足。
- **打电话**。点击后，直接与豆包语音通话，适合不方便打字的场景。
- **来点音乐**。点击后，豆包为你推荐或播放音乐，是放松心情的好选择。
- **音乐生成**。输入文字描述，豆包生成个性化音乐片段，满足你的创作需求。
- **翻译**。输入文字或语音，豆包快速翻译成多种语言，沟通无障碍。
- **AI 写真**。上传照片，豆包生成艺术风格的头像或写真，趣味十足。
- **豆包日报**。点击后，可查看每日精选资讯，快速了解热点新闻和行业动态。
- **健康咨询**。输入健康问题，豆包提供专业建议，帮你管理健康。
- **文档阅读**。上传文档，豆包提取关键信息并生成摘要，使你阅读更高效。

- **网页阅读**。输入网页链接，豆包解析内容并生成摘要，帮你快速获取核心信息。
- **日程提醒**。设置日程或任务，豆包会按时提醒，帮你规划时间。

功能键的排序可能因个人的使用习惯而不同，以你的手机显示的顺序为准。
如果还有疑问，可以继续问 AI 以下问题。
- AI，如何让豆包生成更符合需要的图片？
- AI，拍题答疑功能支持哪些类型的题目？

1.4
简单设置，让豆包更懂你

扫码看视频

为了让豆包更符合你的使用习惯，在使用时可以进行一些简单设置。以下是详细的设置步骤，帮助你快速上手。

1. 个人设置

打开豆包 App，进入"对话"界面，按照以下步骤进行个人设置。

（1）进入设置界面

在豆包主界面点击置顶的豆包图标，进入"对话"界面。点击界面左上角的头像或右上角的"三个点"图标（如图 1-5 所示），进入设置主界面，如图 1-6 所示。

1.4 简单设置，让豆包更懂你

图 1-5 "对话"界面个人设置入口

图 1-6 设置主界面

（2）设置形象

在设置主界面，点击"设置形象"按钮可以设置形象。目前提供男、女两种形象，未来可能会增加更丰富的选项。

（3）语音设置

语音设置有两种方式。

- 在"设置形象"界面（如图 1-7 所示），点击"更改"选项，进入"智能体声音"界面（如图 1-8 所示），选择语音类型（如女声、男声）。
- 在设置主界面（如图 1-6 所示），点击"声音"选项，进入"智能体声音"界面(如图 1-8 所示),选择语音类型,并调整语音播报的音高和语速。

图 1-7 "设置形象"界面　　图 1-8 "智能体声音"界面

(4)字号调整

在设置主界面(如图 1-6 所示),点击"字号调整"选项,根据需求调整字号大小。

2. 个人信息设置

在豆包主界面,点击右下角的"我的"按钮,进入个人主页。

（1）编辑个人资料

在个人主页点击"编辑个人资料"，即可修改昵称或更换头像，如图 1-9 所示。

图 1-9　个人主页

（2）更多设置

在图 1-9 所示的个人主页的右上角，点击"齿轮"图标，进入设置界面，如图 1-10 所示。

你可以进行以下设置。
- **背景设置**：选择跟随系统、浅色模式或暗色模式。
- **账号设置**：管理账号安全、隐私设置等。
- **其他设置**：如"帮助与反馈"等。

扫码看视频

图 1-10　设置页面

举个例子

你进入"对话"界面,点击左上角的头像,进入设置主界面,进行以下设置。

- 设置形象:选择男性形象。
- 语音设置:将语音播报速度调慢,音高调高。
- 字号调整:将字号调大一号。

接着,你返回主界面,点击"我的",进行以下设置。

- 编辑个人资料:将昵称改为"小明",上传一张新头像。

更多设置:将背景设置为暗色模式。

> **小提醒** 设置可以随时修改,根据需求灵活调整。
>
> 如果还有疑问,可以继续问 AI 以下问题。
> - AI,如何让语音播报更符合我的需求?
> - AI,背景设置有哪些模式可选?
>
> 按照以上步骤,你可以轻松设置豆包,让它更懂你,更好用!

1.5 快速上手小秘诀,新手秒变"老玩家"

扫码看视频

要想快速上手用好豆包,其实非常简单!记住以下小秘诀,你也能轻松成为"老玩家"。

1. 有啥需求，直接开口问

豆包擅长回答各种问题，无论是找菜谱、学知识还是写文案，直接问就行。

提问时尽量详细，例如："我想做一道番茄炒蛋，家里有番茄、鸡蛋和葱，怎么做？"

如果不想打字，可以直接点击"电话"按钮，用语音与豆包交流，方便又高效。也可以按住聊天框不松手，开启语音输入功能，如图1-11所示。

图1-11 语音输入界面

豆包的语音识别功能非常精准，支持普通话和多种方言，识别速度快，就像和朋友聊天一样自然。

2. 常用问题，添加到主界面随时问

如果你经常问类似的问题，如"今天天气怎么样"或"帮我查一下日程"，可以点击图 1-12 所示的搜索智能体入口，进入智能体管理界面，搜索相关智能体（如"天气助手"或"日程管理"），将对应的智能体添加到主界面，随时点开随时问，省时又省力。

图 1-12　搜索智能体入口

3. 多尝试，发现更多惊喜

豆包功能丰富，可以多尝试不同的功能，例如让豆包讲个笑话使自己放松心情，请它推荐一本好书来充实自己，让豆包帮你规划日程，等等。用得越多，你就越能发现它的强大之处，豆包简直就是生活中的"智能小跟班"！

> 豆包的功能会不断更新，记得多尝试新功能。
> **如果还有疑问，可以继续问 AI 以下问题。**
> - AI，如何让豆包的回答更详细？
> - AI，如何快速找到需要的智能体？

1.6 豆包回复有妙招，"5步高效提问法"轻松拿捏

扫码看视频

要想让豆包更好地帮你解决问题，按照以下的"5步高效提问法"进行提问，保准它能懂得你的心思，给出超有用的回答！

1. 我是谁

先简单介绍自己，让豆包了解你的情况，如"我是一个刚毕业的大学生"或"我是一个家庭主妇"。

2. 我遇到的问题

清楚地描述你遇到的困难或需求，如"我想找一份工作"或"我想学做一道菜"。

3. 问题的具体情况

提供问题的细节,帮助豆包更精准地理解你的需求。例如:"我想找一份互联网行业的工作,但我没有相关经验。"或者"我想学做红烧肉,但不知道需要哪些调料。"

4. 我想要什么

明确告诉豆包你希望它如何帮助你。例如:"你能给我一些找工作的建议吗?"或者"你能提供一种简单的红烧肉做法吗?"

5. 希望的结果

你想要得到什么样的结果,可以进一步说明。例如:"我希望找工作的建议能具体一些,最好教我如何写简历。"或者"我希望红烧肉的做法简单一点,因为我是一个新手。"

举个例子

"我是一个刚毕业的大学生,想找一份互联网行业的工作,但我没有相关经验。你能给我一些找工作的建议吗?最好能教我如何写简历,以及面试时需要注意什么。"

按照这样的方式提问,豆包能更准确地理解你的需求,给出更有针对性的答案。

 提问时尽量详细,这样豆包的回答会更精准。
如果还有疑问,可以继续问 AI 以下问题。
- AI,如何让提问更清晰?
- AI,如何让豆包的回答更实用?

1.7 不会写字别愁,玩转豆包有妙招

不会写字的朋友也不用担心,豆包的语音功能非常强大,动动嘴就能轻松操作!以下是详细的使用步骤,帮助你快速上手。

1. **打开豆包 App**

在手机上找到豆包 App 的图标,点击打开。

2. **使用语音输入**

进入主界面后,点击顶部的豆包聊天框。

按住下方的聊天框不松手,就可以开始说话了。

3. **直接说出你的问题**

你想问什么就直接说出来,例如:"今天天气怎么样?"或者"我想学做红烧肉。"豆包会听懂你的话,并给出语音回答。

4. **听豆包的回答**

豆包会用语音读出答案,你只需要认真听即可。如果没听清楚,可以告诉豆包:"请再讲一遍。"

5. **继续对话**

如果你还有其他问题,继续按住聊天框说话即可。例如:"红烧肉需要哪些调料?"或者"怎么做才能更好吃?"豆包会持续与你对话,解答你的疑问。

> 语音输入时吐字尽量清晰,豆包的回答会更准确。
> **如果还有疑问,可以继续问 AI 以下问题。**
> - AI,如何让语音识别更精准?
> - AI,如何快速找到需要的智能体?

1.8 别担心!揭秘使用豆包的安全保障

使用豆包时,信息安全是大家最关心的问题之一。豆包在设计时充分考虑了用户隐私和数据安全问题,以下是详细的安全保障说明和使用建议。

1. 豆包的安全保障

豆包采用了先进的数据加密技术,确保用户信息在传输和存储过程中得到保护。你的聊天记录和个人信息不会被随意泄露,除非你主动分享。

2. 聊天内容的安全性

你和豆包的聊天内容默认是保密的,不会被第三方获取。只有在你自己主动分享的情况下,聊天内容才会对外公开。

3. 避免分享敏感信息

虽然豆包有完善的安全措施,但为了更保险,建议不要在聊天中分享敏感信息,如银行卡号、密码、身份证号等个人隐私或涉及安全的重要信息。

4. 其他安全建议

- **使用强密码**:如果绑定了账号,建议设置强密码,并定期更换。
- **注意设备安全**：确保手机或电脑的安全，避免他人随意使用。
- **关注官方更新**：及时更新豆包 App，获取最新的安全补丁和功能优化更新。

> 小提醒
>
> 豆包会不断优化安全措施，但用户也需注意保护自己的隐私。
>
> **如果还有疑问，可以继续问 AI 以下问题。**
> - AI，如何设置强密码？
> - AI，如何确保聊天内容不被泄露？

第 2 章

豆包助力孩子成长

2.1 辅导作业不再愁,豆包妙招来帮忙

扫码看视频

目的 通过简单实用的方法,帮助文化水平不高的家长培养孩子独立思考和自主学习的习惯,减少对他人辅导的依赖。

操作

错误提问:帮我培养孩子的学习习惯。

> 提问过于模糊,AI 无法提供针对性回答

正确提问:

- **我是谁** —— 我是一名初二学生的家长;
- **我遇到的问题** —— 我无法辅导孩子学习,想培养他独立思考和自主学习的习惯;
- **问题的具体情况** —— 孩子的学习依赖性强,我希望他能自己解决问题;
- **我想要什么** —— 请 AI 告诉我如何用简单的方法培养孩子独立思考和自主学习的习惯;
- **希望的结果** —— 孩子能养成独立思考和自主学习的习惯,减少对他人辅导的依赖。

培养要点:

- 从小事做起,逐步培养孩子的独立性;
- 多鼓励,少批评,让孩子感受到学习的成就感。

如果还有疑问,可以继续问 AI 以下问题。

- AI,如果孩子不愿意独立学习,怎么办?
- AI,如果我想提高孩子的学习兴趣,怎么办?

2.2 激发学习兴趣，让孩子主动爱上学习

扫码看视频

目的 通过简单实用的方法，帮助在外打工的家长提升孩子的学习积极性，让孩子主动学习。

操作

错误提问：帮我提升孩子的学习积极性。
> 提问过于模糊，AI 无法提供针对性回答

正确提问：
- **我是谁** —— 我是一个长年在外打工的家长；
- **我遇到的问题** —— 我没有时间管孩子学习，孩子的学习积极性不高；
- **问题的具体情况** —— 孩子对学习没有兴趣，成绩不理想；
- **我想要什么** —— 请 AI 告诉我如何用简单的方法提升孩子的学习积极性；
- **希望的结果** —— 孩子能主动学习，提高成绩。

提升要点：
- 多鼓励，少批评，让孩子感受到学习的成就感；
- 从小目标开始，逐步培养孩子的学习兴趣。

如果还有疑问，可以继续问 AI 以下问题。
- AI，如果孩子还是不愿意学习，怎么办？
- AI，如果我想让孩子更自觉，怎么办？

2.3 传授学习方法，孩子成绩一路飙升

扫码看视频

 目的　通过简单实用的方法，帮助文化水平不高的家长教会孩子如何预习和复习，提升学习效果。

 操作

错误提问：帮我教孩子预习和复习。

提问过于模糊，AI 无法提供针对性回答

正确提问：
- **我是谁** —— 我是一个文化水平不高的家长；
- **我遇到的问题** —— 我不会教孩子如何预习和复习；
- **问题的具体情况** —— 孩子的学习效果不好，我想帮他提高；
- **我想要什么** —— 请 AI 告诉我如何用简单的方法教孩子预习和复习；
- **希望的结果** —— 孩子能掌握预习和复习的方法，提升学习效果。

 小提醒

学习要点：
- 预习时先了解大致内容，复习时巩固重点知识；
- 使用简单的工具，如字典、错题本，帮助孩子学习。

如果还有疑问，可以继续问 AI 以下问题。
- AI，如果孩子不愿意预习，怎么办？
- AI，如果我想让孩子的复习更有效，怎么办？

2.4 缓解学习焦虑，心态轻松学习好

扫码看视频

目的 通过简单实用的方法，帮助长期在外打工的家长缓解孩子的学习焦虑，让孩子轻松面对学习。

操作

错误提问：帮我缓解孩子的学习焦虑。

> 提问过于模糊，AI 无法提供针对性回答

正确提问：
- **我是谁** —— 我是一个长期在外打工的家长；
- **我遇到的问题** —— 我的孩子学习压力大，很焦虑；
- **问题的具体情况** —— 我没时间陪孩子，想帮他缓解焦虑；
- **我想要什么** —— 请 AI 告诉我如何用简单的方法缓解孩子的学习焦虑；
- **希望的结果** —— 孩子能轻松面对学习，减少焦虑。

小提醒

缓解要点：
- 多关心孩子，让他感受到你的爱和支持；
- 帮助孩子放松，不要让他一直处于紧张状态。

如果还有疑问，可以继续问 AI 以下问题。
- AI，如果孩子还是焦虑，怎么办？
- AI，如果我想让孩子更自信，怎么办？

2.5 孩子沉迷网络,豆包教你巧妙应对

扫码看视频

通过简单实用的方法,帮助忙碌的家长解决孩子沉迷网络游戏的问题,恢复学习状态。

错误提问:帮我解决孩子沉迷网络的问题。
提问过于模糊,AI 无法提供针对性回答

正确提问:
- **我是谁** —— 我是一名初一学生的家长;
- **我遇到的问题** —— 孩子沉迷网络游戏,影响学习;
- **问题的具体情况** —— 我没时间管孩子,想帮他戒掉网瘾;
- **我想要什么** —— 请 AI 告诉我如何用简单的方法解决孩子沉迷网络游戏的问题;
- **希望的结果** —— 孩子能减少上网时间,专注于学习。

解决要点:
- 设定规则,逐步减少上网时间;
- 培养其他兴趣,让孩子有更多选择。

如果还有疑问,可以继续问 AI 以下问题。
- AI,如果孩子不听话,怎么办?
- AI,如果我想让孩子更自觉,怎么办?

2.6 量身定制学习计划,孩子进步看得见

扫码看视频

目的 通过简单实用的方法,帮助文化水平不高的家长为孩子制订假期学习计划,让孩子的假期不荒废。

操作
错误提问:帮我制订学习计划。
　　提问过于模糊,AI 无法提供针对性回答
正确提问:
- **我是谁** —— 我是一个文化水平不高的家长;
- **我遇到的问题** —— 学校放假了,我不知道怎么管孩子的学习;
- **问题的具体情况** —— 我想让孩子的假期不荒废,但不会制订学习计划;
- **我想要什么** —— 请 AI 告诉我如何用简单的方法为孩子制订假期学习计划;
- **希望的结果** —— 孩子能利用假期时间学习,不荒废时间。

小提醒
学习要点:
- 每天固定时间学习,养成好习惯;
- 学习内容要简单,适合孩子的年龄和水平。

如果还有疑问,可以继续问 AI 以下问题。
- AI,如果孩子不愿意学习,怎么办?
- AI,如果我想让孩子学得更多,怎么办?

2.7 考试复习不用慌，豆包帮你出方案

扫码看视频

目的 通过简单实用的方法，帮助文化水平不高的家长为孩子制订期末复习计划，帮助孩子顺利备考。

操作

错误提问：帮我制订复习计划。

> 提问过于模糊，AI 无法提供针对性回答

正确提问：

- **我是谁** —— 我是一个文化水平不高的家长；
- **我遇到的问题** —— 孩子上小学六年级，马上期末考试，我不知道怎么帮他复习；
- **问题的具体情况** —— 我想让孩子好好复习，但不会制订复习计划；
- **我想要什么** —— 请 AI 告诉我如何用简单的方法为孩子制订期末复习计划；
- **希望的结果** —— 孩子能顺利备考，取得好成绩。

小提醒

复习要点：

- 每天固定时间复习，养成好习惯；
- 复习内容要全面，重点复习薄弱环节。

如果还有疑问，可以继续问 AI 以下问题。

- AI，如果孩子不愿意复习，怎么办？
- AI，如果我想让孩子的复习更有效，怎么办？

2.8 疑难问题全解答，孩子学习好帮手

扫码看视频

目的 通过简单实用的方法，帮助家长理解并解答孩子的古诗词解读题。

操作

错误提问：帮我解答古诗词解读题。

提问过于模糊，AI 无法提供针对性回答

正确提问：
- **我是谁**——我是一名初二学生的家长；
- **我遇到的问题**——孩子有一道古诗词解读题不会做，我想帮他解答；
- **问题的具体情况**——题目是"解读杜甫的《春望》，分析其历史背景及表达的情感"；
- **我想要什么**——请 AI 告诉我如何解答这道题；
- **希望的结果**——能理解并解答这道题，帮助孩子学习。

小提醒

解题要点：
- 结合历史背景，深入分析诗句含义；
- 分析对场景的描写，体会诗人情感。

如果还有疑问，可以继续问 AI 以下问题。
- AI，如果孩子不理解诗词的主题，怎么办？
- AI，如果我想让孩子学会杜甫的更多诗词，怎么办？

第 3 章

写作有困难，豆包来救场

3.1 写家书不知咋下笔,豆包教你诉真情

扫码看视频

 目的 通过文字表达对远方亲人的思念之情,传递内心的牵挂与关爱。

 操作

错误提问:帮我写几句话。

提问过于模糊,AI无法提供针对性回答

正确提问:
- **我是谁** —— 我是一个农村老太太,文化水平不高;
- **我遇到的问题** —— 儿子在外面打工,我很想他;
- **问题的具体情况** —— 我不知道怎么用文字表达我的思念;
- **我想要什么** —— 帮我写几句话,表达对儿子的思念;
- **希望的结果** —— 让儿子感受到我的牵挂和爱。

小提醒

表达思念的要点:
- 回忆过去的温馨场景,唤起情感共鸣;
- 关心对方的生活和健康,体现母爱的细腻;
- 表达对未来的期盼,传递温暖和希望。

如果觉得文字不够贴切,可以继续问 AI 以下问题。
- AI,我想让语气更温柔一些,可以怎么改?
- AI,我想加一些家乡的事情,应该怎么补充?

3.2 借条这样写,规范又安心

扫码看视频

目的 通过规范的借条内容,确保借款人和出借人的权益得到保障,避免还款纠纷。

操作

错误提问:帮我写一张借条。

提问过于模糊,AI 无法提供针对性回答

正确提问:

- **我是谁** —— 我是一个农村人,文化水平不高;
- **我遇到的问题** —— 张三找我借了 1000 元钱,为期三个月,我不知道怎么写借条;
- **问题的具体情况** —— 我想确保张三到期还款,但不知道借条该怎么写;
- **我想要什么** —— 请 AI 帮我写一张规范的借条;
- **希望的结果** —— 借条内容清晰,能保证张三按时还款。

小提醒

借条必备要素:

- 双方的姓名、身份证号、联系方式;
- 借款金额(大写和小写);
- 借款日期和还款日期;
- 还款方式(一次性还清或分期);
- 违约责任(未按时还款的处理方式)。

如果觉得内容不够全面,可以继续问 AI 以下问题。

- AI,如果我想加上利息,该怎么写?
- AI,如果借款时间更长,怎么修改借条内容?

3.3 请假条小窍门，轻松获批没烦恼

扫码看视频

目的 通过规范的请假条内容，帮助你向公司或学校清楚表达请假需求，确保请假手续顺利完成。

操作
错误提问：帮我写一张请假条。
提问过于模糊，AI 无法提供针对性回答

正确提问：
- **我是谁** —— 我是一个小学文化水平的人；
- **我遇到的问题** —— 家里有事需要我回去帮忙，想请两天假，但不知道怎么写请假条；
- **问题的具体情况** —— 我需要向公司/学校请假，但不会写正式的请假条；
- **我想要什么** —— 请 AI 帮我写一张规范的请假条；
- **希望的结果** —— 请假条内容清晰，能顺利请假。

小提醒
请假条必备要素：
- 称呼（如"尊敬的领导/老师"）；
- 请假原因（简单说明家里的事情）；
- 请假时间（具体日期）；
- 表达需求和承诺（如"恳请您批准""我会按时返回"）；
- 署名和日期。

如果觉得内容不够全面，可以继续问 AI 以下问题。
- AI，如果我想多请几天假，该怎么写？
- AI，如果家里的事情比较复杂，怎么表达？

3.4 村里通知咋写清,豆包给你好思路

扫码看视频

 目的 通过规范的通知内容,向村民传达村里修路的信息,提醒大家注意出行安全。

 操作

错误提问:帮我写一份通知。

> 提问过于模糊,AI 无法提供针对性回答

正确提问:
- **我是谁** —— 我是农村村委会的干部;
- **我遇到的问题** —— 村里要修新路了,需要通知村民注意出行安全;
- **问题的具体情况** —— 我需要写一份通知,但不知道怎么写才规范;
- **我想要什么** —— 请 AI 帮我写一份通知;
- **希望的结果** —— 通知内容清晰,村民能理解并注意安全。

小提醒

通知必备要素:
- 标题(如"通知");
- 称呼(如"各位村民");
- 通知内容(说明修路时间、地点、注意事项);
- 表达感谢和歉意(如"感谢理解与配合""敬请谅解");
- 署名和日期。

如果觉得内容不够全面,可以继续问 AI 以下问题。
- AI,如果施工时间有变动,怎么修改通知?
- AI,如果施工区域扩大,怎么提醒村民?

3.5 夸夸村里好人好事，文案轻松搞定

扫码看视频

目的 通过得体的语言，表扬王大爷义务照顾村里孤寡老人的善举，弘扬正能量，激励更多村民参与公益。

操作

错误提问：帮我夸夸王大爷。

> 提问过于模糊，AI 无法提供针对性回答

正确提问：

- **我是谁** —— 我是村里的老支书；
- **我遇到的问题** —— 我想表扬王大爷义务照顾村里孤寡老人的好事，但不知道怎么说才得体；
- **问题的具体情况** —— 王大爷长期默默奉献，我想让更多的人知道他的善举；
- **我想要什么** —— 请 AI 帮我组织一段表扬的语言；
- **希望的结果** —— 语言真诚感人，能激励更多村民学习王大爷的精神。

小提醒

表扬语言要点：

- 具体描述王大爷的事迹，突出他的无私奉献；
- 表达对王大爷的敬意和感谢；
- 号召村民学习王大爷的精神，弘扬正能量。

如果觉得内容不够全面，可以继续问 AI 以下问题。

- AI，如果我想加一些王大爷的具体故事，怎么补充？
- AI，如果我想让语言更感人，怎么修改？

3.6 回忆小时候,让文字充满温暖和童趣

扫码看视频

目的 通过生动的语言,帮助你将儿时摸鱼的回忆记录下来,保留珍贵的记忆。

操作

错误提问:帮我写回忆。

> 提问过于模糊,AI 无法提供针对性回答

正确提问:
- **我是谁** —— 我是一个五十多岁的人,文化水平不高;
- **我遇到的问题** —— 我想把小时候跟小朋友去河里摸鱼的回忆写出来,但不知道怎么写;
- **问题的具体情况** —— 这段回忆对我来说很珍贵,我想记录下来;
- **我想要什么** —— 请 AI 帮我写一段回忆的文字;
- **希望的结果** —— 文字生动感人,能真实还原当时的场景和感受。

小提醒

回忆文字要点:
- 描述具体的场景和细节(如田里的鱼、小朋友的动作);
- 表达当时的感受和心情(如好奇、快乐);
- 结合现在的生活,升华回忆的意义。

如果觉得内容不够全面,可以继续问 AI 以下问题。
- AI,如果我想加一些当时的对话,怎么补充?
- AI,如果我想让文字更感人,怎么修改?

3.7 记录村里新鲜事,把生活写成故事

扫码看视频

目的 通过生动的语言,帮助李婶记录村里电商直播卖土豆的新鲜事,展现村里的变化和活力。

操作

错误提问:帮我记录一件新鲜事。

> 提问过于模糊,AI 无法提供针对性回答

正确提问:

- **我是谁** —— 我是村里的李婶,文化水平不高;
- **我遇到的问题** —— 村里最近搞了电商直播卖土豆,我想记录下来,但不知道怎么写;
- **问题的具体情况** —— 这是村里的新鲜事,我想让更多的人知道;
- **我想要什么** —— 请 AI 帮我写一段记录的文字;
- **希望的结果** —— 文字生动有趣,能真实展现村里的变化。

小提醒

记录文字要点:

- 描述具体的场景和细节(如直播的台子、土豆的种类);
- 展现村民的反应和变化(如大家的热情、忙碌的场景);
- 表达对新鲜事的感受和期待(如对未来的希望)。

如果觉得内容不够全面,可以继续问 AI 以下问题。

- AI,如果我想加一些村民的对话,怎么补充?
- AI,如果我想让文字更生动,怎么修改?

3.8 写作没灵感,豆包帮你脑洞大开

扫码看视频

目的　通过简单实用的方法,帮助写作能力较差的村民快速提升写作水平,表达自己的想法。

错误提问:帮我提升写作能力。

> 提问过于模糊,AI 无法提供针对性回答

正确提问:
- **我是谁** —— 我是一个小学文化水平的村民;
- **我遇到的问题** —— 我想写点东西,但写作能力较差;
- **问题的具体情况** —— 我想把小时候的经历写下来,但不知道怎么写;
- **我想要什么** —— 请 AI 告诉我如何快速提升写作能力;
- **希望的结果** —— 能写出通顺、有内容的文章。

提升要点:
- 多读多写,积累经验;
- 从简单的句子开始,逐步提高。

如果还有疑问,可以继续问 AI 以下问题。
- AI,如果我想写得更生动,怎么办?
- AI,如果我想提高写作速度,怎么办?

第 4 章

生活难题问豆包,轻松解决没烦恼

4.1 生活小窍门，一问豆包全知道

扫码看视频

目的　通过简单实用的方法，帮助宝妈延长自家蔬菜的保鲜时间，减少浪费。

错误提问：帮我保鲜蔬菜。

提问过于模糊，AI 无法提供针对性回答

正确提问：
- **我是谁** —— 我是一个宝妈；
- **我遇到的问题** —— 我平时喜欢种蔬菜，但种的蔬菜吃不完，不知道怎么保鲜；
- **问题的具体情况** —— 我想让蔬菜保存得更久，但不知道方法；
- **我想要什么** —— 请 AI 告诉我如何保鲜蔬菜；
- **希望的结果** —— 蔬菜能保存得更久，减少浪费。

小提醒

保鲜要点：
- 不同的蔬菜有不同的保鲜方法，比如叶菜类适合冷藏，根茎类适合通风存放；
- 保持干燥，避免蔬菜受潮。

如果还有疑问，可以继续问 AI 以下问题。
- AI，如果我想让蔬菜保存得更久，怎么办？
- AI，如果我想腌制蔬菜，怎么操作？

4.2 家禽家畜养殖秘诀，豆包倾囊相授

扫码看视频

目的 通过简单实用的方法，帮助养殖户提高鸡蛋的产蛋量并保持鸡蛋的品质。

操作
错误提问：帮我提高产蛋量。

> 提问过于模糊，AI 无法提供针对性回答

正确提问：
- **我是谁** —— 我是一个养了 500 只鸡的养殖户；
- **我遇到的问题** —— 我想提高鸡蛋的产蛋量并保持鸡蛋的品质；
- **问题的具体情况** —— 我不知道怎么提高产蛋量和保持鸡蛋的品质；
- **我想要什么** —— 请 AI 告诉我如何提高产蛋量和保持鸡蛋的品质；
- **希望的结果** —— 产蛋量增加，鸡蛋的品质保持良好。

小提醒
提升要点：
- 提供优质饲料和充足的饮水；
- 保持鸡舍的卫生和光照，减少母鸡应激。

如果还有疑问，可以继续问 AI 以下问题。
- AI，如果产蛋量还是不高，怎么办？
- AI，如果我还想提高鸡蛋的品质，怎么办？

4.3 庄稼种植遇问题，豆包帮你找对策

扫码看视频

目的 通过简单实用的方法，帮助村民治理小麦蚜虫并防止虫病扩散，确保小麦丰收。

操作

错误提问：帮我治理蚜虫。

> 提问过于模糊，AI 无法提供针对性回答

正确提问：

- **我是谁** —— 我是一个种了 500 亩小麦的村民；
- **我遇到的问题** —— 小麦遭遇了蚜虫，不知道怎么治理；
- **问题的具体情况** —— 我想治理蚜虫并防止虫病扩散；
- **我想要什么** —— 请 AI 告诉我如何治理小麦蚜虫并防止虫病扩散；
- **希望的结果** —— 小麦蚜虫得到控制，确保丰收。

小提醒

治理要点：

- 及时喷洒农药，控制蚜虫的数量；
- 结合生物防治和农业措施，减少蚜虫的繁殖。

如果还有疑问，可以继续问 AI 以下问题。

- AI，如果蚜虫已经扩散，怎么办？
- AI，如果我想预防蚜虫，怎么办？

4.4 电器坏了别着急,豆包教你简单维修

扫码看视频

目的 通过简单实用的方法,帮助村民解决家里电灯闪烁的问题,确保照明正常。

操作
错误提问:帮我修灯。
> 提问过于模糊,AI 无法提供针对性回答

正确提问:
- **我是谁**——我是一个村民;
- **我遇到的问题**——家里的电灯一直闪烁,不知道怎么解决;
- **问题的具体情况**——我想让电灯不再闪烁,恢复正常;
- **我想要什么**——请 AI 告诉我如何解决电灯闪烁的问题;
- **希望的结果**——电灯不再闪烁,照明正常。

小提醒
解决要点:
- 先检查灯泡和开关,再检查线路;
- 如果自己解决不了,请专业电工帮忙。

如果还有疑问,可以继续问 AI 以下问题。
- AI,如果换了灯泡还是闪烁,怎么办?
- AI,如果我想预防电灯闪烁,怎么办?

4.5 看病挂号那些事儿,豆包帮你捋清楚

扫码看视频

目的 通过简单实用的方法,帮助宝妈快速为孩子挂号看病,解决孩子咳嗽发烧的问题。

操作
错误提问:帮我挂号看病。
> 提问过于模糊,AI 无法提供针对性回答

正确提问:
- **我是谁** —— 我是一个宝妈;
- **我遇到的问题** —— 孩子两岁,咳嗽还发烧,不知道怎么快速挂号看病;
- **问题的具体情况** —— 我想尽快带孩子看医生,但不知道挂号流程;
- **我想要什么** —— 请 AI 告诉我如何快速挂号看病;
- **希望的结果** —— 孩子能尽快看医生,缓解病情。

小提醒
挂号要点:
- 优先选择网上或电话挂号,以节省时间;
- 如果病情严重,直接挂急诊。

如果还有疑问,可以继续问 AI 以下问题。
- AI,如果挂不上号,怎么办?
- AI,如果我想了解孩子的病情,怎么办?

4.6 农村医保咋报销,豆包给你讲明白

扫码看视频

> **目的** 通过简单实用的方法,帮助村民了解阑尾炎手术的医保报销流程,减轻经济负担。

> **操作**
> **错误提问**:帮我处理医保报销问题。
>
> 提问过于模糊,AI 无法提供针对性回答
>
> **正确提问**:
> - **我是谁** —— 我是一个刚做完阑尾炎手术的村民;
> - **我遇到的问题** —— 我想用医保报销手术费用,但不知道流程;
> - **问题的具体情况** —— 我想了解哪些费用可以报销,以及报销流程;
> - **我想要什么** —— 请 AI 告诉我医保报销的流程和可以报销的费用项目;
> - **希望的结果** —— 能顺利报销手术费用,减轻经济负担。

> **小提醒**
> **报销要点**:
> - 出院时尽量在医院直接结算,可以节省时间;
> - 保留好所有票据,方便后续报销。
>
> **如果还有疑问,可以继续问 AI 以下问题。**
> - AI,如果医院不能直接结算,怎么办?
> - AI,如果我想了解更多的医保政策,怎么办?

4.7 农村喜事咋安排，豆包帮你出谋划策

扫码看视频

目的　通过简单实用的方法，帮助村民为八十岁老人办一场体面又实惠的寿宴，表达孝心。

操作

错误提问：帮我办寿宴。

> 提问过于模糊，AI 无法提供针对性回答

正确提问：

- **我是谁** —— 我是一个村民；
- **我遇到的问题** —— 家里老人八十岁，想办寿宴，但不知道怎么办；
- **问题的具体情况** —— 我想办一场既体面又实惠的寿宴；
- **我想要什么** —— 请 AI 告诉我如何办一场体面又实惠的寿宴；
- **希望的结果** —— 寿宴办得体面又实惠，老人开心。

小提醒

办寿宴要点：

- 简单布置，增加喜庆气氛；
- 准备实惠的菜单，邀请亲友参加。

如果还有疑问，可以继续问 AI 以下问题。

- AI，如果我想让寿宴更有仪式感，怎么办？
- AI，如果我想节省更多的费用，怎么办？

4.8 农村常见纠纷咋解决,豆包教你巧化解

扫码看视频

目的 通过简单实用的方法,帮助村民处理宅基地纠纷,维护自身权益。

操作

错误提问:帮我处理纠纷。

提问过于模糊,AI 无法提供针对性回答

正确提问:
- **我是谁** —— 我是一个村民;
- **我遇到的问题** —— 我和邻居因为宅基地问题产生了纠纷;
- **问题的具体情况** —— 邻居说我家的围墙占了他家的地方,但我有老地契证明;
- **我想要什么** —— 请 AI 告诉我如何处理这个纠纷;
- **希望的结果** —— 能够和平解决纠纷,维护自身权益。

小提醒

处理要点:
- 出示地契,证明自己的权益;
- 找村干部调解,避免冲突升级。

如果还有疑问,可以继续问 AI 以下问题。
- AI,如果邻居不认地契,怎么办?
- AI,如果我想了解更多的法律知识,怎么办?

第 5 章

跟豆包学新技能,开启精彩新生活

5.1 开车先学交规,豆包带你轻松过关

扫码看视频

目的 通过简单实用的方法,帮助乡镇企业家快速掌握关键交规内容,节省学习时间。

操作

错误提问:帮我学交规。

> 提问过于模糊,AI 无法提供针对性回答

正确提问:

- **我是谁** —— 我是一个乡镇企业家;
- **我遇到的问题** —— 我想学驾驶,但没时间学交规;
- **问题的具体情况** —— 我想知道关键的交规内容,并了解网上学习的方法;
- **我想要什么** —— 请 AI 列出关键交规内容并告诉我如何在网上学习;
- **希望的结果** —— 能快速掌握交规,顺利学车。

小提醒

学习要点:

- 重点记住交通信号灯、限速和让行的规则;
- 多做模拟题,熟悉考试内容。

如果还有疑问,可以继续问 AI 以下问题。

- AI,如果我想了解更多交规,怎么办?
- AI,如果我想提高考试通过率,怎么办?

5.2 电工基础技能,豆包教你快速入门

扫码看视频

 目的 通过简单实用的方法,帮助养鸡场老板学习电工基础知识,解决电线短路问题。

 操作

错误提问:帮我学电工知识。

> 提问过于模糊,AI 无法提供针对性回答

正确提问:

- **我是谁** —— 我是一个养鸡场老板;
- **我遇到的问题** —— 养鸡场的电线经常短路,找人修很麻烦;
- **问题的具体情况** —— 我想学一些电工基础知识,自己解决问题;
- **我想要什么** —— 请 AI 告诉我电工基础知识和网上学习的地方;
- **希望的结果** —— 能自己解决电线短路问题,减少麻烦。

小提醒

学习要点:

- 重点学习电线连接和开关安装的知识,防止短路;
- 多看视频,动手实践。

如果还有疑问,可以继续问 AI 以下问题。

- AI,如果我想了解更多的电工知识,怎么办?
- AI,如果我想提高维修技能,怎么办?

5.3 学做菜看豆包，菜谱技巧全掌握

扫码看视频

 目的　通过简单实用的方法，帮助村民学会做美味的柴火烧鹅。

 操作

错误提问：帮我做柴火烧鹅。

> 提问过于模糊，AI 无法提供针对性回答

正确提问：

- **我是谁** —— 我是一个在外打工的人；
- **我遇到的问题** —— 最近回农村过年，我想吃柴火烧鹅；
- **问题的具体情况** —— 我想做柴火烧鹅，但不知道怎么做才好吃；
- **我想要什么** —— 请 AI 告诉我如何做美味的柴火烧鹅；
- **希望的结果** —— 能做出一道既美味又有营养的柴火烧鹅。

 小提醒

做菜要点：

- 鹅要腌制入味，烤制时火候要均匀；
- 炖煮时间要够，让鹅肉软烂且入味。

如果还有疑问，可以继续问 AI 以下问题。

- AI，如果我想让柴火烧鹅更香，怎么办？
- AI，如果我想做更多的菜，怎么办？

5.4 简单木工活，豆包助你创意无限

扫码看视频

目的　通过简单实用的方法，帮助村民学习木工手艺，做出精致的木工活。

操作

错误提问：帮我学木工知识。

提问过于模糊，AI 无法提供针对性回答

正确提问：

- **我是谁** ——我是一个村民；
- **我遇到的问题** ——我想学木工手艺，但不知道从哪里开始；
- **问题的具体情况** ——我想做出精致的木工活，但不知道学习的路径；
- **我想要什么** ——请 AI 告诉我如何做出精致的木工活；
- **希望的结果** ——能学会木工手艺，做出精致的木工活。

小提醒

学习要点：

- 从简单的木工活开始，逐步提高；
- 多练习，熟能生巧。

如果还有疑问，可以继续问 AI 以下问题。

- AI，如果我想让木工活更精致，怎么办？
- AI，如果我想了解更多的木工知识，怎么办？

5.5 花草养护有妙招,教你养出好风景

扫码看视频

 目的 　　通过简单实用的方法,帮助宝妈种出好养且开花多的玫瑰花。

 操作
错误提问:帮我种玫瑰花。
提问过于模糊,AI 无法提供针对性回答
正确提问:
- **我是谁** —— 我是一个在家带娃的宝妈;
- **我遇到的问题** —— 我想种玫瑰花,但不知道怎么种;
- **问题的具体情况** —— 我想让玫瑰花好养且开花多;
- **我想要什么** —— 请 AI 告诉我如何种玫瑰花;
- **希望的结果** —— 玫瑰花好养且开花多。

 小提醒
种植要点:
- 选择透气性好的花盆和肥沃的土壤;
- 保持充足的光照并适量浇水。

如果还有疑问,可以继续问 AI 以下问题。
- AI,如果玫瑰花不开花,怎么办?
- AI,如果我想让玫瑰花长得更好,怎么办?

5.6 简单音乐入门，开启美妙音乐之旅

扫码看视频

 目的 通过简单实用的方法，帮助村民快速入门并提升吹唢呐的技巧。

 操作

错误提问：帮我学吹唢呐。

提问过于模糊，AI 无法提供针对性回答

正确提问：

- **我是谁** —— 我是一个村民；
- **我遇到的问题** —— 我想学吹唢呐，但不知道怎么入门；
- **问题的具体情况** —— 我想通过练习快速提升吹唢呐的技巧；
- **我想要什么** —— 请 AI 告诉我如何入门并提升吹唢呐的技巧；
- **希望的结果** —— 能快速入门并提升吹唢呐的技巧。

 小提醒

学习要点：

- 从基础开始，逐步提高；
- 多练习，熟能生巧。

如果还有疑问，可以继续问 AI 以下问题。

- AI，如果我想让唢呐吹得更好，怎么办？
- AI，如果我想了解更多的唢呐知识，怎么办？

5.7 小生意门道多,豆包教你轻松赚钱

扫码看视频

目的 通过简单实用的方法,帮助返乡大学生顺利开设乡村民宿,实现创业梦想。

操作

错误提问:帮我开民宿。

提问过于模糊,AI 无法提供针对性回答

正确提问:

- **我是谁** —— 我是一名返乡大学生;
- **我遇到的问题** —— 我想在家乡开一个乡村民宿,但不知道怎么开始;
- **问题的具体情况** —— 我想了解开民宿的步骤和方法;
- **我想要什么** —— 请 AI 告诉我如何开乡村民宿;
- **希望的结果** —— 能顺利开设乡村民宿,实现创业梦想。

小提醒

开民宿要点:

- 选择好地点,设计有特色的民宿;
- 提供优质服务,吸引游客。

如果还有疑问,可以继续问 AI 以下问题。

- AI,如果我想让民宿更有特色,怎么办?
- AI,如果我想提高民宿的入住率,怎么办?

5.8 美容美发小知识，让你变身时尚达人

扫码看视频

目的 通过简单实用的方法，帮助宝妈学会做一款特别的盘发，在参加婚礼时更加美丽。

操作

错误提问：帮我做盘发。

提问过于模糊，AI无法提供针对性回答

正确提问：
- **我是谁**——我是一个宝妈；
- **我遇到的问题**——我要参加同村姐妹的婚礼，想做一款特别的盘发；
- **问题的具体情况**——我想学会做一款特别的盘发，但不知道怎么弄；
- **我想要什么**——请AI告诉我如何做一款特别的盘发；
- **希望的结果**——能做出一款特别的盘发，参加婚礼时更加美丽。

小提醒

盘发要点：
- 头发要梳顺，编发时要均匀；
- 发髻要盘紧，用发夹固定好。

如果还有疑问，可以继续问AI以下问题。
- AI，如果我想让盘发更特别，怎么办？
- AI，如果我想了解更多的盘发技巧，怎么办？

第 6 章

豆包教你拍短视频,记录乡村好生活

6.1 拍村里风景咋构思,豆包给你灵感

扫码看视频

目的 通过简单实用的方法,帮助村民选择适合拍摄的乡村风景,展现村里的美丽风光。

操作
错误提问:帮我选择拍摄内容。

提问过于模糊,AI 无法提供针对性回答

正确提问:
- **我是谁** ——我是一个村民;
- **我遇到的问题** ——我们村风景好,我想拍个短视频,但不知道拍哪些内容;
- **问题的具体情况** ——我对如何拍摄内容不太了解,希望得到一些实用的建议;
- **我想要什么** ——请 AI 告诉我可以拍摄哪些乡村风景;
- **希望的结果** ——能拍出有流量、吸引人的短视频,展现村里的美丽风光。

小提醒
拍摄要点:
- 选择有代表性的风景和活动,确保内容丰富多样;
- 注意光线和构图,确保画面质量;
- 多角度拍摄,增加画面的层次感和动感。

如果还有疑问,可以继续问 AI 以下问题。
- AI,如果我想让视频更有故事性,怎么设计内容?
- AI,如果我想提高视频的播放量,怎么办?

6.2 记录村民生活,这样拍超有烟火气

扫码看视频

 目的 通过简单实用的方法,帮助村民拍摄真实、生动的村民生活短视频,展现乡村的日常生活。

 操作

错误提问:帮我拍村民生活。

提问过于模糊,AI 无法提供针对性回答

正确提问:
- **我是谁**——我是一个村民;
- **我遇到的问题**——我想拍村民的生活,但不知道怎么拍;
- **问题的具体情况**——我想展现真实的村民生活,但不知道从哪些场景入手;
- **我想要什么**——请 AI 告诉我如何拍摄村民的生活;
- **希望的结果**——能拍出真实、生动的村民生活短视频。

小提醒 拍摄要点:
- 选择有代表性的生活场景,展现真实的村民生活;
- 注意光线和角度,确保画面自然生动;
- 后期剪辑要简洁,突出主题。

如果还有疑问,可以继续问 AI 以下问题。
- AI,如果我想让视频更有故事性,怎么设计内容?
- AI,如果我想提高视频的播放量,怎么办?

6.3 农村美食制作，镜头下的诱人美味

扫码看视频

目的　通过简单实用的方法，帮助宝妈拍摄吸引人的红糖糍粑制作短视频，展现传统美食的魅力。

操作

错误提问：帮我拍红糖糍粑制作的短视频。

> 提问过于模糊，AI 无法提供针对性回答

正确提问：
- **我是谁**——我是一个喜欢美食的宝妈；
- **我遇到的问题**——我想拍红糖糍粑的制作过程，但不知道怎么拍效果好；
- **问题的具体情况**——我想展现红糖糍粑的制作细节和它的美味，但不知道从哪些角度入手；
- **我想要什么**——请 AI 告诉我如何拍摄红糖糍粑的制作过程；
- **希望的结果**——能拍出吸引人的红糖糍粑制作短视频。

小提醒

拍摄要点：
- 突出制作细节，展现传统工艺的魅力；
- 注意光线和角度，确保画面清晰生动；
- 后期剪辑要简洁，突出主题。

如果还有疑问，可以继续问 AI 以下问题。
- AI，如果我想让视频使人更有食欲，怎么调整画面？
- AI，如果我想提高视频的播放量，怎么办？

6.4 展示农村手工艺品,让传统文化绽放光彩

扫码看视频

目的 通过简单实用的方法,帮助村民拍摄吸引人的剪纸制作短视频,展现传统手工艺的魅力。

操作

错误提问:帮我拍剪纸短视频。

> 提问过于模糊,AI 无法提供针对性回答

正确提问:

- **我是谁** —— 我是一个村民;
- **我遇到的问题** —— 我想拍剪纸的制作过程,但不知道怎么拍效果好;
- **问题的具体情况** —— 我想展现剪纸的精细工艺和艺术美感,但不知道从哪些角度入手;
- **我想要什么** —— 请 AI 告诉我如何拍摄剪纸的制作过程;
- **希望的结果** —— 能拍出吸引人的剪纸制作短视频。

小提醒

拍摄要点:

- 突出剪纸的精细工艺和艺术美感;
- 注意光线和角度,确保画面清晰生动;
- 后期剪辑要简洁,突出主题。

如果还有疑问,可以继续问 AI 以下问题。

- AI,如果我想让视频更有艺术感,怎么调整画面?
- AI,如果我想提高视频的播放量,怎么办?

6.5 分享农村趣事,拍出欢乐与温情

扫码看视频

 目的

通过简单实用的方法,帮助村民拍摄精彩的划龙舟短视频,展现端午节的传统文化氛围。

 操作

错误提问:帮我拍划龙舟短视频。

> 提问过于模糊,AI 无法提供针对性回答

正确提问:

- **我是谁** —— 我是一个村民;
- **我遇到的问题** —— 我想拍划龙舟的过程,但不知道怎么拍效果好;
- **问题的具体情况** —— 我想展现龙舟比赛的激烈和节日的热闹,但不知道从哪些角度入手;
- **我想要什么** —— 请 AI 告诉我如何拍摄划龙舟的过程;
- **希望的结果** —— 能拍出精彩的划龙舟短视频。

小提醒 拍摄要点:

- 突出比赛的激烈和节日的热闹氛围;
- 注意光线和角度,确保画面清晰生动;
- 后期剪辑要简洁,突出主题。

如果还有疑问,可以继续问 AI 以下问题。

- AI,如果我想让视频更有动感,怎么调整画面?
- AI,如果我想提高视频的播放量,怎么办?

6.6 宣传村里特产，豆包帮你吸引眼球

扫码看视频

目的 通过简单实用的方法，帮助村民拍摄吸引人的紫土豆宣传短视频，展现产品的特色和优势。

操作

错误提问：帮我拍紫土豆宣传短视频。

提问过于模糊，AI 无法提供针对性回答

正确提问：
- **我是谁** —— 我是一个村民；
- **我遇到的问题** —— 我想拍紫土豆宣传短视频，但不知道怎么拍效果好；
- **问题的具体情况** —— 我想展现紫土豆的种植过程、收获和营养价值，但不知道从哪些角度入手；
- **我想要什么** —— 请 AI 告诉我如何拍摄紫土豆宣传短视频；
- **希望的结果** —— 能拍出吸引人的紫土豆宣传短视频。

小提醒

拍摄要点：
- 突出紫土豆的种植环境和营养价值；
- 注意光线和角度，确保画面清晰生动；
- 后期剪辑要简洁，突出主题。

如果还有疑问，可以继续问 AI 以下问题。
- AI，如果我想让视频使人更有食欲，怎么调整画面？
- AI，如果我想提高视频的播放量，怎么办？

6.7 拍摄农村好人好事,传递正能量

扫码看视频

 目的 通过简单实用的方法,帮助小学老师拍摄打动人心的短视频,展现张婶多年如一日照顾孤寡老人的感人故事。

 操作

错误提问:帮我拍感人故事短视频。

> 提问过于模糊,AI 无法提供针对性回答

正确提问:

- **我是谁** —— 我是村里的一个小学老师;
- **我遇到的问题** —— 我想拍张婶照顾孤寡老人的视频,但不知道怎么拍能更打动人;
- **问题的具体情况** —— 我想展现张婶的坚持和爱心,但不知道怎么规划;
- **我想要什么** —— 请 AI 告诉我如何拍摄和规划短视频;
- **希望的结果** —— 能拍出打动人心的短视频。

小提醒

拍摄要点:

- 突出张婶的坚持和爱心,展现感人的细节;
- 注意光线和角度,确保画面温暖生动;
- 后期剪辑节奏要舒缓,突出情感。

如果还有疑问,可以继续问 AI 以下问题。

- AI,如果我想让视频更有故事性,怎么设计内容?
- AI,如果我想提高视频的播放量,怎么办?

6.8 短视频剪辑不求人，豆包教你简单操作

扫码看视频

 目的 通过简单实用的方法，帮助村民掌握基本的视频剪辑技巧，提升视频质量。

 操作

错误提问：帮我剪辑视频。

> 提问过于模糊，AI 无法提供针对性回答

正确提问：
- **我是谁**——我是一个村民；
- **我遇到的问题**——我拍了视频，但不知道怎么剪辑；
- **问题的具体情况**——我对视频剪辑一窍不通，希望得到一些实用的建议；
- **我想要什么**——请 AI 告诉我如何剪辑视频；
- **希望的结果**——能剪辑出流畅、有流量的视频。

 小提醒

剪辑要点：
- 裁剪多余部分，保留精彩内容；
- 添加转场效果和字幕，提升视频质量；
- 选择合适的背景音乐和音效，增强感染力。

如果还有疑问，可以继续问 AI 以下问题。
- AI，如果我想让视频更有节奏感，怎么调整剪辑？
- AI，如果我想提高视频的播放量，怎么办？

第 7 章

做小买卖找豆包,生意红火有妙招

7.1 卖农产品咋宣传,豆包帮你想办法

扫码看视频

目的 通过简单实用的方法,帮助村民有效推广自制的麻辣萝卜干,吸引更多顾客。

操作

错误提问:帮我写宣传语。

> 提问过于模糊,AI 无法提供针对性回答

正确提问:

- **我是谁** —— 我是一个村民;
- **我遇到的问题** —— 我要开网店卖自制的麻辣萝卜干,但不会宣传;
- **问题的具体情况** —— 我想吸引更多顾客,但不知道怎么写宣传语;
- **我想要什么** —— 请 AI 帮我设计宣传语;
- **希望的结果** —— 能吸引更多顾客购买麻辣萝卜干。

小提醒

宣传要点:
- 突出产品特色和口感,吸引顾客注意;
- 结合情感共鸣,增加顾客的购买欲望;
- 添加促销信息,刺激顾客下单。

如果还有疑问,可以继续问 AI 以下问题。
- AI,如果我想让宣传语更有吸引力,怎么调整?
- AI,如果我想提高网店的销量,怎么办?

7.2 摆摊卖货这样吆喝，顾客纷纷来

扫码看视频

目的 通过简单实用的方法，帮助村民有效吸引顾客，顺利销售土豆。

操作

错误提问：帮我吆喝。

> 提问过于模糊，AI 无法提供针对性回答

正确提问：

- **我是谁** —— 我是一个村民；
- **我遇到的问题** —— 我想去镇上摆摊卖土豆，但不会吆喝；
- **问题的具体情况** —— 我想吸引更多顾客，但不知道该怎么吆喝；
- **我想要什么** —— 请 AI 帮我设计吆喝词；
- **希望的结果** —— 能吸引更多顾客购买土豆。

小提醒

吆喝要点：
- 突出土豆的新鲜和品质，吸引顾客注意；
- 强调价格优惠，刺激顾客购买；
- 结合情感共鸣，增加顾客的购买欲望。

如果还有疑问，可以继续问 AI 以下问题。
- AI，如果我想让吆喝更有吸引力，怎么调整？
- AI，如果我想提高销量，怎么办？

7.3 开网店咋起步,豆包带你迈出第一步

扫码看视频

 目的　通过简单实用的方法,帮助村民在抖音上开设网店,销售村里的土特产。

 操作

错误提问:帮我开网店。

提问过于模糊,AI 无法提供针对性回答

正确提问:

- **我是谁** ——我是一个村民;
- **我遇到的问题** ——我想在抖音上卖土特产,但不知道怎么开网店;
- **问题的具体情况** ——我对开网店一窍不通,希望得到一些实用的建议;
- **我想要什么** ——请 AI 告诉我如何在抖音上开网店;
- **希望的结果** ——能顺利开设抖音网店,销售土特产。

 小提醒

开店要点:

- 确保商品图片和描述清晰、详细;
- 拍摄吸引人的视频,增加曝光率;
- 提供优质的售后服务,增加顾客信任。

如果还有疑问,可以继续问 AI 以下问题。

- AI,如果我想让视频更有吸引力,怎么调整?
- AI,如果我想提高销量,怎么办?

7.4 找进货渠道,豆包给你实用方法

扫码看视频

目的 通过简单实用的方法,帮助村民找到合适的进货渠道,丰富网店产品。

操作

错误提问:帮我找进货渠道。

> 提问过于模糊,AI 无法提供针对性回答

正确提问:
- **我是谁** —— 我是一个村民;
- **我遇到的问题** —— 我想增加网店的产品,但不知道去哪里找进货渠道;
- **问题的具体情况** —— 我对进货渠道不太了解,希望得到一些实用的建议;
- **我想要什么** —— 请 AI 告诉我如何找到合适的进货渠道;
- **希望的结果** —— 能顺利找到进货渠道,丰富网店产品。

小提醒

进货要点:
- 选择信誉好的供应商,确保产品质量;
- 与供应商建立长期合作关系,确保货源稳定;
- 注意价格和物流成本,确保利润空间。

如果还有疑问,可以继续问 AI 以下问题。
- AI,如果我想找到更便宜的货源,怎么办?
- AI,如果我想提高网店的销量,怎么办?

7.5 算账别亏本,豆包教你精打细算

扫码看视频

目的 通过简单实用的方法,帮助村民掌握基本的算账方法,确保销售利润清晰明了。

操作

错误提问:帮我算账。

> 提问过于模糊,AI 无法提供针对性回答

正确提问:
- **我是谁** ——我是一个村民;
- **我遇到的问题** ——我卖自家土豆,但不知道怎么算账;
- **问题的具体情况** ——我对算账不太了解,希望得到一些实用的建议;
- **我想要什么** ——请 AI 告诉我如何算账;
- **希望的结果** ——能清楚掌握销售利润。

小提醒

算账要点:
- 每次销售后及时记录收入和成本;
- 定期总结,确保利润清晰明了;
- 使用工具,方便记录和计算。

如果还有疑问,可以继续问 AI 以下问题。
- AI,如果我想提高利润,怎么办?
- AI,如果我想记录更详细,怎么调整?

7.6 吸引顾客小招数,生意火爆不是梦

扫码看视频

 目的 通过简单实用的方法,帮助村民提升网店订单量,吸引更多顾客。

 操作

错误提问:帮我提升订单量。

> 提问过于模糊,AI 无法提供针对性回答

正确提问:
- **我是谁** —— 我是一个网店店主;
- **我遇到的问题** —— 我的网店订单量很低,想吸引更多顾客;
- **问题的具体情况** —— 我对吸引顾客不太了解,希望得到一些实用的建议;
- **我想要什么** —— 请 AI 告诉我如何吸引顾客;
- **希望的结果** —— 能提升网店订单量。

 小提醒

吸引顾客要点:
- 优化商品描述和图片,提升吸引力;
- 开展促销活动,刺激顾客下单;
- 利用社交媒体和合作推广,增加曝光率。

如果还有疑问,可以继续问 AI 以下问题。
- AI,如果我想让促销活动更有效,怎么办?
- AI,如果我想提高顾客满意度,怎么办?

7.7 处理售后问题，豆包教你妥善应对

扫码看视频

目的 通过简单实用的方法，帮助村民有效处理网店售后问题，提升顾客满意度。

操作

错误提问：帮我处理售后。

提问过于模糊，AI 无法提供针对性回答

正确提问：

- **我是谁**——我是一个村民；
- **我遇到的问题**——我的网店售后问题有点多，不知道怎么处理；
- **问题的具体情况**——我对处理售后不太了解，希望得到一些实用的建议；
- **我想要什么**——请 AI 告诉我如何处理售后问题；
- **希望的结果**——能有效处理售后问题，提升顾客满意度。

处理售后要点：

- 及时回复，表达关心和解决问题的态度；
- 提供合理的解决方案，确保顾客满意；
- 快速处理，避免顾客等待时间过长。

如果还有疑问，可以继续问 AI 以下问题。

- AI，如果顾客不满意解决方案，怎么办？
- AI，如果我想减少售后问题，怎么办？

7.8 同行竞争咋应对，豆包帮你出奇制胜

扫码看视频

目的　通过简单实用的方法，帮助网店店主有效应对同行竞争，提升店铺竞争力。

操作

错误提问：帮我应对竞争。

提问过于模糊，AI 无法提供针对性回答

正确提问：
- **我是谁** —— 我是一个网店店主；
- **我遇到的问题** —— 与我经营同类产品的店铺很多，竞争激烈；
- **问题的具体情况** —— 我不知道如何应对同行竞争，提升店铺的曝光量，增加订单销量；
- **我想要什么** —— 请 AI 告诉我如何应对同行竞争，提升店铺竞争力；
- **希望的结果** —— 能提升店铺竞争力，增加订单销量。

小提醒

应对竞争要点：
- 提供独特的商品或服务，与对手区分开；
- 定期推出特价商品或优惠活动，吸引顾客；
- 提升服务质量和购物体验，增加顾客黏性。

如果还有疑问，可以继续问 AI 以下问题。
- AI，如果我想让促销活动更有效，怎么办？
- AI，如果我想提高顾客满意度，怎么办？

第 8 章
休闲娱乐好伙伴,豆包陪你乐翻天

8.1 好看的农村题材电影,豆包推荐给你

扫码看视频

 目的 通过简单实用的方法,帮助大学生找到适合自己口味的农村题材电影,丰富文化生活。

 操作

错误提问:帮我推荐电影。
> 提问过于模糊,AI 无法提供针对性回答

正确提问:

- **我是谁** —— 我是一名大学生;
- **我遇到的问题** —— 我想看一些近年很火的农村题材电影,但不知道哪些好看;
- **问题的具体情况** —— 我对近年农村题材电影不太了解,希望得到一些推荐;
- **我想要什么** —— 请 AI 推荐几部近年既好看又符合当代农村生活的电影;
- **希望的结果** —— 能找到适合自己口味的电影,了解真实的农村生活。

 小提醒

观影要点:

- 选择适合自己口味的电影,享受观影乐趣;
- 注意电影的背景和主题,理解农村生活的多样性和时代变迁。

如果还有疑问,可以继续问 AI 以下问题。

- AI,如果我想看更多类似的电影,怎么办?
- AI,如果我想了解电影的背景,怎么查找?

8.2 学跳广场舞不发愁,轻松变身舞林高手

扫码看视频

目的 通过简单实用的方法,帮助退休在家的村民找到最火的广场舞音乐,并提供网上学习广场舞的途径。

错误提问:帮我推荐广场舞音乐。

提问过于模糊,AI 无法提供针对性回答

正确提问:

- **我是谁** —— 我是一个退休在家的村民;
- **我遇到的问题** —— 我想跳广场舞,但不知道现在最火的音乐是什么,也不知道怎么学习跳广场舞;
- **问题的具体情况** —— 我想学跳广场舞,但不知道有没有网上学习的方法;
- **我想要什么** —— 请 AI 推荐最火的广场舞音乐,并告诉我如何网上学习跳广场舞;
- **希望的结果** —— 能跳上最火的广场舞,丰富退休生活。

学习要点:

- 选择适合自己的音乐和舞蹈,从简单的开始学;
- 多练习,熟能生巧。

如果还有疑问,可以继续问 AI 以下问题。

- AI,如果我想学更多广场舞,怎么办?
- AI,如果我想提高舞技,怎么办?

8.3 好玩的手机小游戏，闲暇时光不无聊

扫码看视频

目的 通过简单实用的方法，帮助村民在农闲时找到好玩又简单的手机游戏，丰富生活。

操作

错误提问：帮我推荐手机游戏。

> 提问过于模糊，AI 无法提供针对性回答

正确提问：

- **我是谁** —— 我是一个村民；
- **我遇到的问题** —— 农闲了，我想找几款好玩又简单的手机游戏；
- **问题的具体情况** —— 我不知道哪些游戏好玩又简单，也不知道在哪里找；
- **我想要什么** —— 请 AI 推荐几款好玩又简单的手机游戏，并告诉我在哪里可以找到；
- **希望的结果** —— 能找到适合的手机游戏，丰富农闲生活。

小提醒

游戏要点：
- 选择适合自己的游戏，从简单的开始玩；
- 控制游戏时间，不要影响生活。

如果还有疑问，可以继续问 AI 以下问题。
- AI，如果我想找更多游戏，怎么办？
- AI，如果我想和朋友一起玩游戏，怎么办？

8.4 跟着豆包学唱曲，唱出乡村悠长韵味

扫码看视频

 目的　　通过简单实用的方法，帮助戏曲爱好者快速学会唱豫剧《花木兰》，丰富文化生活。

 操作

错误提问：教我学唱豫剧。

> 提问过于模糊，AI 无法提供针对性回答

正确提问：
- **我是谁**——我是一个戏曲爱好者；
- **我遇到的问题**——我想学唱豫剧《花木兰》，但不知道怎么学；
- **问题的具体情况**——我想快速学会唱《花木兰》，丰富文化生活；
- **我想要什么**——请AI告诉我如何快速学会唱豫剧《花木兰》；
- **希望的结果**——能快速学会唱《花木兰》，丰富文化生活。

 小提醒

学习要点：
- 多听原唱，熟悉旋律和唱腔；
- 分段学习，逐步提高。

如果还有疑问，可以继续问 AI 以下问题。
- AI，如果我想让唱腔更地道，怎么办？
- AI，如果我想了解更多豫剧知识，怎么办？

8.5 豆包教你扭秧歌，开启乡村欢乐时光

扫码看视频

目的 通过简单实用的方法，帮助乡村教师学会扭秧歌，并找到网上学习视频，方便教学。

操作

错误提问：帮我学扭秧歌。

提问过于模糊，AI 无法提供针对性回答

正确提问：

- **我是谁** —— 我是一名乡村教师；
- **我遇到的问题** —— 学校要开联欢会，我要教学生扭秧歌，但不知道怎么扭；
- **问题的具体情况** —— 我想学会扭秧歌，并找到网上的学习视频；
- **我想要什么** —— 请 AI 分步骤教我扭秧歌，并告诉我在哪里可以找到学习视频；
- **希望的结果** —— 能学会扭秧歌，并找到学习视频，方便教学。

小提醒

学习要点：

- 从基本步伐开始，逐步练习扭腰和转圈；
- 多练习，熟能生巧。

如果还有疑问，可以继续问 AI 以下问题。

- AI，如果我想让扭秧歌更有节奏感，怎么办？
- AI，如果我想了解更多秧歌知识，怎么办？

8.6 土味情话不会说,豆包教你甜蜜出击

扫码看视频

 目的 通过简单实用的方法,帮助村民追求心仪的姑娘,并学会几句土味情话。

操作 **错误提问**:帮我追求姑娘。

> 提问过于模糊,AI 无法提供针对性回答

正确提问:
- **我是谁** —— 我是一个村民;
- **我遇到的问题** —— 我喜欢上同村一个姑娘,不知道怎么追求她;
- **问题的具体情况** —— 我想追求她,但不知道怎么做,还想学几句土味情话;
- **我想要什么** —— 请 AI 告诉我如何追求姑娘,并教我几句土味情话;
- **希望的结果** —— 能顺利追求到姑娘,表达心意。

 小提醒 **追求要点**:
- 真诚对待,多关心她的感受;
- 用土味情话增加情趣,但不要过度。

如果还有疑问,可以继续问 AI 以下问题。
- AI,如果姑娘对我没兴趣,怎么办?
- AI,如果我想了解更多追求技巧,怎么办?

8.7 讲讲笑话乐一乐，生活充满欢笑

扫码看视频

目的 通过简单实用的方法，帮助农闲时感到无聊的农民朋友找到好笑的笑话，增添生活乐趣。

操作

错误提问：我想听笑话。

> 提问过于模糊，AI 无法提供针对性回答

正确提问：
- **我是谁** —— 我是一个农闲时感到无聊的农民；
- **我遇到的问题** —— 农闲时间挺无聊的，想找点好笑的笑话打发时间；
- **问题的具体情况** —— 平时没什么娱乐活动，想找点轻松的笑话看看；
- **我想要什么** —— 请 AI 帮我找几个好笑的笑话，并告诉我在哪里可以找到更多；
- **希望的结果** —— 能通过笑话放松心情，打发时间。

小提醒

放松要点：
- 笑话虽好，但别笑得太大声，小心吵到邻居哦！

如果还有疑问，可以继续问 AI 以下问题。
- AI，有没有适合讲给小孩听的笑话？
- AI，有没有适合在聚会上讲的笑话？

8.8 豆包教你备渔具，轻松开启钓鱼之旅

扫码看视频

目的 通过简单实用的方法，为钓鱼新手提供经济实惠的钓鱼装备建议，帮助钓鱼新手在有限预算内顺利开始钓鱼活动。

操作

错误提问：我想学钓鱼。

> 提问过于模糊，AI 无法提供针对性回答

正确提问：

- **我是谁** —— 我是一个有时间，想学钓鱼的新手；
- **我遇到的问题** —— 不知道钓鱼需要准备哪些装备，预算有限；
- **问题的具体情况** —— 想学钓鱼，但不想花太多钱，希望配置简单实用；
- **我想要什么** —— 请 AI 推荐一些经济实惠的钓鱼装备，适合新手使用；
- **希望的结果** —— 能用最少的钱买到必要的装备，顺利开始钓鱼。

小提醒

钓鱼要点：

- 初次钓鱼可以选择附近的池塘或河流，先熟悉基本操作。

如果还有疑问，可以继续问 AI 以下问题。

- AI，钓鱼时需要注意哪些技巧？
- AI，有没有适合夜钓的装备推荐？

第 9 章

豆包带你拍出爆款视频

9.1 确定拍摄主题,让你的视频与众不同

扫码看视频

目的 通过简单实用的方法,帮助喜欢拍视频但不知道拍什么内容的你找到适合的拍摄方向,结合你的兴趣爱好,让视频更有趣。

操作 **错误提问**:我想拍视频。

提问过于模糊,AI 无法提供针对性回答

正确提问:

- **我是谁** —— 我是一个喜欢拍视频的人,平时喜欢做饭、养花和跳广场舞;
- **我遇到的问题** —— 不知道拍什么内容,想找到适合的方向;
- **问题的具体情况** —— 我喜欢做饭、养花和跳广场舞,但不知道如何把这些兴趣变成视频内容;
- **我想要什么** —— 请 AI 给我一些建议,告诉我可以拍什么内容;
- **希望的结果** —— 找到适合的拍摄方向,让我的视频更有趣。

小提醒 **拍摄要点**:

- 拍摄时注意光线和声音,画面清晰、声音清楚会更吸引人。

如果还有疑问,可以继续问 AI 以下问题。

- AI,如何让我的视频更有趣?
- AI,拍视频需要哪些设备?

配套资源验证码 250555

9.2 借助豆包策划拍摄内容,创意满满

扫码看视频

 目的 通过简单实用的方法,帮助你策划拍摄糖醋排骨视频,让内容有趣、易懂,吸引观众。

 操作

错误提问:我想把我做的糖醋排骨拍出来。

> 提问过于模糊,AI 无法提供针对性回答

正确提问:
- **我是谁** —— 我是一个喜欢做饭并想拍视频的人;
- **我遇到的问题** —— 想拍糖醋排骨视频,但不知道怎么策划和呈现内容;
- **问题的具体情况** —— 我有独家秘方,但不知道如何拍得有趣又清晰;
- **我想要什么** —— 请 AI 帮我策划拍摄内容,告诉我怎么呈现;
- **希望的结果**:拍出一个有趣、易懂的糖醋排骨视频。

 小提醒

拍摄要点:
- 拍摄时注意光线,让食物看起来更诱人。

如果还有疑问,可以继续问 AI 以下问题。
- AI,如何让视频剪辑更流畅?
- AI,拍美食视频需要哪些设备?

9.3 拍摄技巧简单易学,小白也能成高手

扫码看视频

 目的 通过简单实用的方法,帮助你在拍摄视频时掌握简单易上手的技巧,提升视频质量,让内容更吸引人。

 操作

错误提问:我想学拍摄技巧。

提问过于模糊,AI 无法提供针对性回答

正确提问:

- **我是谁** —— 我是一个想拍好视频的新手;
- **我遇到的问题** —— 不知道拍摄时要注意哪些细节,想学习简单易上手的技巧;
- **问题的具体情况** —— 想拍出清晰、有趣的视频,但不知道从何入手;
- **我想要什么** —— 请 AI 告诉我拍摄时需要注意的细节和技巧;
- **希望的结果** —— 拍出高质量的视频,吸引更多观众。

 小提醒

拍摄要点:

- 正式拍摄前先试拍一段,检查光线、声音和画面是否合适。

如果还有疑问,可以继续问 AI 以下问题。

- AI,如何让视频拍摄得更流畅?
- AI,拍视频时如何吸引观众注意力?

9.4 拍摄场景构思与设置,营造独特氛围

扫码看视频

 目的 通过简单实用的方法,帮助你在拍摄糖醋排骨视频时布置一个美观、实用的场景,让视频更具吸引力。

 操作

错误提问:我想布置拍糖醋排骨的拍摄场景。

提问过于模糊,AI无法提供针对性回答

正确提问:

- **我是谁** —— 我是一个想拍糖醋排骨视频的人;
- **我遇到的问题** —— 不知道如何布置拍摄场景,想让视频看起来更专业;
- **问题的具体情况** —— 已经有了拍摄方案,但场景布置没有头绪;
- **我想要什么** —— 请AI给我一些简单易行的场景布置建议;
- **希望的结果** —— 布置一个美观、实用的拍摄场景,提升视频质感。

 小提醒

拍摄要点:
- 布置场景时,先试拍几张照片,检查效果是否满意。

如果还有疑问,可以继续问AI以下问题。
- AI,如何让食物在视频中看起来更美味?
- AI,拍摄时如何避免反光?

9.5 拍摄注意事项,避免踩坑出好片

扫码看视频

 目的　通过简单实用的方法,帮助你在拍摄糖醋排骨视频时注意关键细节,确保视频流畅、清晰、吸引人。

 操作

错误提问:我拍糖醋排骨视频还要注意啥。

提问过于模糊,AI 无法提供针对性回答

正确提问:

- **我是谁** —— 我是一个正在拍摄糖醋排骨视频的人;
- **我遇到的问题** —— 场景和灯光都布置好了,但不知道拍摄中还应注意哪些细节;
- **问题的具体情况** —— 想确保视频质量,避免常见拍摄问题;
- **我想要什么** —— 请 AI 告诉我拍摄中需要注意的关键细节;
- **希望的结果** —— 拍出流畅、清晰、吸引人的视频。

 小提醒

拍摄要点:

- 拍摄时保持耐心,多拍几遍,选择最好的片段。

如果还有疑问,可以继续问 AI 以下问题。

- AI,如何让视频剪辑更流畅?
- AI,拍摄时如何避免画面抖动?

9.6 素材剪辑成佳作,豆包教你神操作

扫码看视频

 目的 通过简单实用的方法,帮助你将拍摄的糖醋排骨视频剪辑成高质量的作品,并推荐简单易用的剪辑工具。

 操作

错误提问:我想学剪辑。

提问过于模糊,AI 无法提供针对性回答

正确提问:
- **我是谁** —— 我是一个刚拍完糖醋排骨视频的新手;
- **我遇到的问题** —— 不知道如何剪辑视频,想剪出好的作品;
- **问题的具体情况** —— 视频素材拍好了,但不会剪辑,也不知道用什么工具;
- **我想要什么** —— 请 AI 告诉我剪辑技巧并推荐简单易用的工具;
- **希望的结果** —— 剪出一个流畅、吸引人的视频作品。

 小提醒

剪辑要点:
- 剪辑时注意节奏,避免画面切换太快或太慢。

如果还有疑问,可以继续问 AI 以下问题。
- AI,如何让视频字幕更美观?
- AI,剪辑时如何调整视频亮度?

9.7 作品发布有技巧,流量满满不是梦

扫码看视频

目的 通过简单实用的方法,帮助你在抖音发布糖醋排骨视频时获得更多流量,吸引更多观众。

操作

错误提问:我如何发布做好的作品。

提问过于模糊,AI 无法提供针对性回答

正确提问:
- **我是谁** —— 我是一个准备在抖音发布糖醋排骨视频的新手;
- **我遇到的问题** —— 不知道如何发布视频才能获得更多流量;
- **问题的具体情况** —— 视频已经剪好,但担心发布后没人看;
- **我想要什么** —— 请 AI 告诉我发布视频时需要注意的技巧;
- **希望的结果** —— 视频获得更多流量,吸引更多观众。

小提醒

发布要点:
- 发布后多分享到朋友圈或微信群,增加初始播放量。

如果还有疑问,可以继续问 AI 以下问题。
- AI,如何让视频进入热门推荐?
- AI,抖音算法是怎么推荐的?

9.8 账号设置小窍门,打造专属形象

扫码看视频

目的 通过简单实用的方法,帮助你将抖音账号设置得更吸引人,增加粉丝关注和互动。

操作

错误提问:我怎么设置我的账号。

> 提问过于模糊,AI 无法提供针对性回答

正确提问:
- **我是谁** —— 我是一个刚创建抖音账号的新手;
- **我遇到的问题** —— 不知道如何设置账号才能更吸引人;
- **问题的具体情况** —— 账号刚注册,想吸引更多粉丝关注;
- **我想要什么** —— 请 AI 告诉我设置账号时需要注意的技巧;
- **希望的结果** —— 账号设置得更吸引人,增加粉丝和互动。

小提醒

运营要点:
- 定期更新视频,保持账号活跃度。

如果还有疑问,可以继续问 AI 以下问题。
- AI,如何让粉丝更愿意互动?
- AI,抖音账号怎么快速涨粉?

第 10 章
退休老人用好豆包,开启精彩晚年生活

10.1 退休生活小建议,让晚年生活更充实

扫码看视频

 目的
通过简单实用的方法,帮助你适应退休生活,找到新的生活乐趣和目标,让退休生活充实而有意义。

 操作

错误提问:退休生活怎么过。

> 提问过于模糊,AI 无法提供针对性回答

正确提问:
- **我是谁** —— 我是一个刚退休的人,工作了三十多年;
- **我遇到的问题** —— 退休后不知道做什么,生活变得不习惯;
- **问题的具体情况** —— 突然闲下来,感觉无所适从;
- **我想要什么** —— 请 AI 给我一些建议,帮助我适应退休生活;
- **希望的结果** —— 找到新的生活方向,让退休生活充实快乐。

小提醒

生活要点:
- 退休是人生的新阶段,慢慢调整心态,享受生活。

如果还有疑问,可以继续问 AI 以下问题。
- AI,如何规划退休后的时间?
- AI,退休后如何保持心理健康?

10.2 身体健康小帮手,守护你的健康

扫码看视频

 目的 通过简单实用的方法,帮助你改善精神疲倦的情况。

操作

错误提问:如何调理我的精神状态。

提问过于模糊,AI 无法提供针对性回答

正确提问:
- **我是谁** —— 我是一个老年人;
- **我遇到的问题** —— 我最近感觉很疲倦,影响了日常生活;
- **问题的具体情况** —— 总想睡觉,提不起精神;
- **我想要什么** —— 请 AI 告诉我出现这种情况的原因和调理方案;
- **希望的结果** —— 恢复精神状态。

 小提醒

守护要点:
- 如果精神状态不能及时恢复,及时就医,听从医生建议。

如果还有疑问,可以继续问 AI 以下问题。
- AI,有哪些适合老年人的运动?
- AI,如何预防老年人精神健康问题的出现?

10.3 随身生活小助手，生活琐事全搞定

扫码看视频

目的 通过简单实用的方法，帮助退休人士制订好玩又实惠的南京游玩攻略。

操作

错误提问：我可以去哪里游玩。

提问过于模糊，AI 无法提供针对性回答

正确提问：
- **我是谁** —— 我是一个退休在家的老年人；
- **我遇到的问题** —— 准备组织五个姐妹去南京游玩；
- **问题的具体情况** —— 不想跟团，想在南京玩三天，但不知道怎么安排性价比最高；
- **我想要什么** —— 请 AI 帮我安排三天的游玩行程；
- **希望的结果** —— 既玩得开心，费用又不高。

小提醒

出行要点：
- 出行前查看天气预报，准备好防晒和保暖衣物。

如果还有疑问，可以继续问 AI 以下问题。
- AI，南京有哪些必玩景点？
- AI，在南京住宿推荐哪里？

10.4 想多挣点钱,豆包帮你出谋划策

扫码看视频

目的 通过简单实用的方法,帮助刚退休的你找到适合的挣钱方式,既能发挥经验,又不用拼体力,让退休生活充实又有收入。

操作

错误提问:我想多挣点钱。

提问过于模糊,AI 无法提供针对性回答

正确提问:

- **我是谁**——我是一个刚退休的人,身体不错,不想在家闲着;
- **我遇到的问题**——想找个挣钱的方式,但不想拼体力;
- **问题的具体情况**——退休后有时间,想利用经验或兴趣赚钱;
- **我想要什么**——请 AI 推荐一些适合的挣钱方式;
- **希望的结果**——找到适合的挣钱方式,充实退休生活。

挣钱要点:

- 选择适合自己的方式,既能赚钱又能享受乐趣。

如果还有疑问,可以继续问 AI 以下问题。

- AI,如何开线上课程?
- AI,手工艺品怎么在网上卖?

10.5 缺乏社交活动怎么办，豆包给你支支招

扫码看视频

目的　通过简单实用的方法，帮助退休的你拓展社交圈，结识新朋友，让生活更加丰富多彩。

操作

错误提问：我想拓展社交圈子。

> 提问过于模糊，AI 无法提供针对性回答

正确提问：

- **我是谁** —— 我是一个退休五年的人，朋友越来越少；
- **我遇到的问题** —— 社交圈变小，想多交一些朋友；
- **问题的具体情况** —— 退休后社交机会减少，想找到拓展社交圈的方式；
- **我想要什么** —— 请 AI 推荐一些拓展社交圈的方法；
- **希望的结果** —— 结识新朋友，丰富退休生活。

小提醒

社交要点：

- 主动一点，多和别人打招呼，慢慢建立联系。

如果还有疑问，可以继续问 AI 以下问题。

- AI，如何找到附近的兴趣小组？
- AI，参加志愿活动要注意什么？

10.6 带孙子意见不同,豆包帮你化解矛盾

扫码看视频

 目的 通过简单实用的方法,帮助你在带孙子时减少与儿子的争执,找到和谐相处的方式,让家庭关系更融洽。

操作

错误提问:带孙子意见不同怎么办。

> 提问过于模糊,AI 无法提供针对性回答

正确提问:
- **我是谁**——我是一个退休后帮忙带孙子的老人;
- **我遇到的问题**——带孙子时经常和儿子吵嘴;
- **问题的具体情况**——在带孙子的方式上意见不一致,容易发生争执;
- **我想要什么**——请 AI 告诉我如何解决这个问题;
- **希望的结果**——减少争执,和谐带孙子。

 小提醒

相处要点:
- 带孙子是件开心的事,别让争执影响家庭和谐。

如果还有疑问,可以继续问 AI 以下问题。
- AI,如何和儿子更好地沟通?
- AI,有哪些科学的育儿方法?

10.7 记忆力下降怎么办,豆包教你小妙招

扫码看视频

 目的　通过简单实用的方法,帮助你在记忆力下降的情况下,通过简单的方法减少对生活的影响,保持生活质量。

 操作　**错误提问**:如何解决我的记忆力下降问题。

> 提问过于模糊,AI 无法提供针对性回答

正确提问:
- **我是谁** —— 我是一个退休 10 年的人,记忆力越来越差;
- **我遇到的问题** —— 记忆力下降,影响日常生活;
- **问题的具体情况** —— 经常忘记事情,想找到改善的方法;
- **我想要什么** —— 请 AI 告诉我如何减少记忆力下降对生活的影响;
- **希望的结果** —— 生活不受记忆力下降的影响,保持正常状态。

小提醒　**改善要点**:
- 记忆力下降是正常现象,别太焦虑,慢慢调整。

如果还有疑问,可以继续问 AI 以下问题。
- AI,有哪些适合老年人的健脑游戏?
- AI,如何通过饮食改善记忆力?

10.8 健康养老怎么做，豆包为你做规划

扫码看视频

 目的　通过简单实用的方法，帮助你在年龄增长的情况下，调整生活方式，保持健康，实现健康老去的目标。

 操作

错误提问：我如何健康养老。

> 提问过于模糊，AI 无法提供针对性回答

正确提问：

- **我是谁** ——我是一个年龄越来越大，希望健康老去的人；
- **我遇到的问题** ——身体不如以前，想保持健康；
- **问题的具体情况** ——年龄增长，身体机能下降，想找到健康生活的方法；
- **我想要什么** ——请 AI 给我一些生活上的建议；
- **希望的结果** ——通过调整生活方式，保持健康，延缓衰老。

 小提醒

生活要点：

- 定期体检，关注身体变化，及时调整生活方式。

如果还有疑问，可以继续问 AI 以下问题。

- AI，有哪些适合老年人的运动？
- AI，如何通过饮食延缓衰老？

第 11 章

写家庭生活短视频脚本,豆包帮你出创意

11.1 确定拍摄主题，抓住观众眼球

扫码看视频

目的 通过简单实用的方法，帮助你在抖音上找到适合的拍摄主题，通过创作吸引观众，实现赚钱的目标。

操作

错误提问：咋用抖音赚钱。

> 提问过于模糊，AI 无法提供针对性回答

正确提问：

- **我是谁**——我是一个普通人；
- **我遇到的问题**——我没什么特长，想玩抖音赚钱，不知道拍什么主题的作品效果更好；
- **问题的具体情况**——想通过抖音赚钱，但没有明确方向；
- **我想要什么**——请 AI 推荐一些适合普通人拍的抖音主题；
- **希望的结果**——拍出受欢迎的作品，赚到钱。

小提醒

拍摄要点：

- 拍摄时注意画面清晰、声音清楚，内容要有趣或实用。

如果还有疑问，可以继续问 AI 以下问题。

- AI，如何让抖音视频更吸引人？
- AI，抖音怎么通过流量赚钱？

11.2 故事人物咋设定，让角色鲜活起来

扫码看视频

 目的 通过简单实用的方法，帮助你在抖音上拍摄家庭搞笑视频，明确角色设定和内容方向，吸引更多观众。

 操作

错误提问：我想拍搞笑视频。

<u>提问过于模糊，AI 无法提供针对性回答</u>

正确提问：

- **我是谁** —— 我是一个普通人；
- **我遇到的问题** —— 我想拍家庭搞笑视频；
- **问题的具体情况** —— 不确定角色设定和内容方向；
- **我想要什么** —— 请 AI 推荐搞笑日常的角色设定和内容类型；
- **希望的结果** —— 拍出有趣的搞笑视频，吸引观众。

 小提醒

拍摄要点：

- 拍摄时注意自然真实，避免过度表演。

如果还有疑问，可以继续问 AI 以下问题。

- AI，如何让搞笑视频更有趣？
- AI，搞笑视频怎么剪辑效果更好？

11.3 剧情咋开始才有趣，引人入胜

扫码看视频

 目的
通过简单实用的方法，帮助你在拍摄家庭搞笑视频时，从一开始就吸引观众，提高视频的观看率和互动率。

 操作

错误提问：我的搞笑视频怎么开场。

> 提问过于模糊，AI 无法提供针对性回答

正确提问：
- **我是谁** —— 我是一个普通人；
- **我遇到的问题** —— 我想拍关于"勤俭老妈"和"剁手女儿"的搞笑视频；
- **问题的具体情况** —— 担心视频开场不够吸引人，观众不感兴趣；
- **我想要什么** —— 请 AI 告诉我几种关于"勤俭老妈"和"剁手女儿"的开场设计；
- **希望的结果** —— 视频开场吸引人，提高观看率。

 小提醒

拍摄要点：
- 开场要简洁有力，避免拖沓，抓住观众注意力。

如果还有疑问，可以继续问 AI 以下问题。
- AI，如何让搞笑视频更有节奏感？
- AI，家庭搞笑视频怎么设计剧情？

11.4 开场思路不用愁,豆包帮你想妙招

扫码看视频

 目的 通过简单实用的方法,帮助你在家庭搞笑视频中,用好奇悬念对话作为开场,吸引观众注意力,增加视频趣味性。

 操作

错误提问:如何做搞笑视频的开场白。

> 提问过于模糊,AI 无法提供针对性回答

正确提问:

- **我是谁** —— 我是一个普通人,想拍关于"勤俭老妈"和"剁手女儿"的搞笑视频;
- **我遇到的问题** —— 我准备以好奇悬念对话作为开场;
- **问题的具体情况** —— 我不知道有哪些好奇悬念对话适合作为开场;
- **我想要什么** —— 请 AI 推荐一些适合作为开场的好奇悬念对话;
- **希望的结果** —— 视频开头吸引人,增加观看率。

 小提醒

拍摄要点:

- 选择角色自然说出的话,避免刻意表演,保持真实感。

如果还有疑问,可以继续问 AI 以下问题。

- AI,如何让角色的表现更自然?
- AI,家庭搞笑视频怎么设计后续剧情?

11.5 中间情节咋安排,跌宕起伏才有看点

扫码看视频

目的 通过简单实用的方法,帮助你在"神秘包裹"的开场后,设计有趣的情节,让视频内容更完整、更吸引人。

操作
错误提问:如何设计视频的中间情节。

> 提问过于模糊,AI 无法提供针对性回答

正确提问:

- **我是谁** —— 我是一个普通人,想拍关于"勤俭老妈"和"剁手女儿"的搞笑视频;
- **我遇到的问题** —— 我想采用关于"神秘包裹"的开场设计,但不知道如何安排开场后的情节;
- **问题的具体情况** —— 不知道"神秘包裹"后续怎么拍;
- **我想要什么** —— 请 AI 帮我设计开场后的情节;
- **希望的结果** —— 视频内容完整有趣,吸引观众看完。

小提醒
拍摄要点:

- 情节要自然流畅,避免生硬过渡,保持真实感。

如果还有疑问,可以继续问 AI 以下问题。

- AI,如何让家庭搞笑视频更有节奏感?
- AI,搞笑视频怎么设计反转情节?

11.6 结尾咋让人印象深,要做到回味无穷

扫码看视频

目的 通过简单实用的方法,帮助你在"用途反转"的中间情节后,设计一个反转又搞笑且能引发思考的结尾,让视频更有深度和趣味。

操作

错误提问:我想做一个结尾搞笑的视频。

提问过于模糊,AI 无法提供针对性回答

正确提问:

- **我是谁**——我是一个普通人,想拍关于"勤俭老妈"和"剁手女儿"的搞笑视频;
- **我遇到的问题**——我决定以"用途反转"作为中间情节,想要一个既搞笑又能引发思考的结尾;
- **问题的具体情况**——不知道怎么设计结尾情节;
- **我想要什么**——请 AI 帮我设计一个反转的既搞笑又能引发思考的结尾;
- **希望的结果**——视频结尾有趣又有意义,吸引观众看完并思考。

小提醒

拍摄要点:

- 结尾要自然有趣,同时传递温暖或思考,避免生硬说教。

如果还有疑问,可以继续问 AI 以下问题。

- AI,如何让结尾更有深度?
- AI,家庭搞笑视频怎么设计温情情节?

11.7 拍摄场景咋选，要营造最佳氛围

扫码看视频

目的 通过简单实用的方法，帮助你在拍摄家庭搞笑视频时，选择合适的拍摄地点并布置场景，让视频效果更好。

操作

错误提问：怎么布置拍摄场景。

> 提问过于模糊，AI 无法提供针对性回答

正确提问：

- **我是谁** —— 我是一个普通人，想拍关于"勤俭老妈"和"剁手女儿"的搞笑视频；
- **我遇到的问题** —— 我已经确定了完整的剧情，准备以"老妈真香"作为结尾，但不知道怎么布置场景；
- **问题的具体情况** —— 剧情已经确定，但需要合适的拍摄地点和场景布置；
- **我想要什么** —— 请 AI 推荐不同的拍摄地点和场景布置方案；
- **希望的结果** —— 拍出效果好、吸引人的视频。

拍摄要点：

- 拍摄前先试拍一段，检查场景和光线是否合适。

如果还有疑问，可以继续问 AI 以下问题。

- AI，如何让场景更有趣味性？
- AI，拍摄时如何避免穿帮镜头？

11.8 简单分镜头咋弄,教你轻松掌握拍摄节奏

扫码看视频

目的 通过简单实用的方法,帮助你在拍摄家庭搞笑视频时,通过分镜头拍摄,让视频更流畅、更有层次感。

操作

错误提问:分镜头怎么拍。

> 提问过于模糊,AI 无法提供针对性回答

正确提问:
- **我是谁** —— 我是一个普通人,想拍关于"勤俭老妈"和"剁手女儿"的搞笑视频;
- **我遇到的问题** —— 不知道分镜头怎么拍效果最好;
- **问题的具体情况** —— 选用"神秘包裹 - 用途反转 - 老妈真香"剧情,场景设定为客厅,涉及的产品是按摩椅,但不知道如何拍摄分镜头;
- **我想要什么** —— 请 AI 告诉我拍摄分镜头的建议;
- **希望的结果** —— 拍出流畅、有层次感的视频。

小提醒

拍摄要点:
- 每个镜头保持 3～5 秒,避免过长或过短,确保节奏流畅。

如果还有疑问,可以继续问 AI 以下问题。
- AI,如何让分镜头过渡更自然?
- AI,分镜头拍摄时如何避免穿帮?

第 12 章

普通人靠豆包和抖音赚钱秘籍

12.1 发掘自身赚钱优势,开启财富大门

扫码看视频

通过简单实用的方法,帮助你在抖音上找到适合普通工人的赚钱方式,通过简单易行的内容创作获得收入。

错误提问:抖音可以赚钱吗?

提问过于模糊,AI 无法提供针对性回答

正确提问:

- **我是谁** —— 我是一个普通工人,想在抖音赚点钱;
- **我遇到的问题** —— 没有特长,不知道拍什么内容能赚钱;
- **问题的具体情况** —— 想通过抖音赚钱,但没有明确方向;
- **我想要什么** —— 请 AI 告诉我适合普通工人的抖音赚钱方式;
- **希望的结果** —— 通过抖音赚到钱。

拍摄要点:

- 内容要真实有趣,避免过度表演,保持自然感。

如果还有疑问,可以继续问 AI 以下问题。

- AI,如何让抖音视频更吸引人?
- AI,抖音带货怎么选产品?

12.2 借助豆包找热门赚钱领域,抢占先机

扫码看视频

 目的 通过简单实用的方法,帮助你在抖音上找到除了内容分享和带货之外的其他赚钱方式,适合普通人操作。

 操作

错误提问:我想在抖音挣钱。

> 提问过于模糊,AI 无法提供针对性回答

正确提问:
- **我是谁** —— 我是一个普通人,想在抖音赚钱;
- **我遇到的问题** —— 除了内容分享和带货,不知道其他赚钱方式;
- **问题的具体情况** —— 想通过抖音赚钱,但不想局限于内容分享和带货;
- **我想要什么** —— 请 AI 告诉我抖音上其他适合普通人的赚钱方式;
- **希望的结果** —— 通过抖音赚到钱。

 小提醒

赚钱要点:
- 选择适合自己的方式,慢慢积累粉丝和资源。

如果还有疑问,可以继续问 AI 以下问题。
- AI,如何快速增加抖音粉丝?
- AI,抖音直播怎么吸引更多人观看?

12.3 搞好抖音账号定位与包装,打造吸睛人设

扫码看视频

 目的 通过简单实用的方法,帮助你在抖音定位账号并包装,吸引更多粉丝,提升账号影响力。

 操作

错误提问:我想做抖音账号。

提问过于模糊,AI 无法提供针对性回答

正确提问:

- **我是谁** —— 我是一个刚开抖音账号的普通人;
- **我遇到的问题** —— 不知道如何定位账号并包装;
- **问题的具体情况** —— 准备发作品,但账号没有明确方向和包装;
- **我想要什么** —— 请 AI 告诉我如何定位账号并包装;
- **希望的结果** —— 账号定位清晰,包装吸引人,吸引更多粉丝。

 小提醒

包装要点:
- 定期更新内容,保持账号活跃度。

如果还有疑问,可以继续问 AI 以下问题。
- AI,如何让账号内容更有吸引力?
- AI,抖音账号怎么快速涨粉?

12.4 利用豆包创作吸睛视频，涨粉不是梦

扫码看视频

目的 通过简单实用的方法，帮助你在抖音上策划更多家庭搞笑视频内容，保持账号活跃度，吸引更多粉丝。

操作

错误提问：我想发抖音视频。

提问过于模糊，AI 无法提供针对性回答

正确提问：

- **我是谁** —— 我是一个刚发第一个作品的抖音新手；
- **我遇到的问题** —— 后面的作品没有思路，不知道拍什么；
- **问题的具体情况** —— 想拍家庭搞笑视频，但缺乏创意；
- **我想要什么** —— 请 AI 帮我策划更多家庭搞笑视频内容；
- **希望的结果** —— 拍出有趣的家庭搞笑视频，吸引更多粉丝。

拍摄要点：

- 内容要真实有趣，避免过度表演，保持自然感。

如果还有疑问，可以继续问 AI 以下问题。

- AI，如何让搞笑视频更有节奏感？
- AI，家庭搞笑视频怎么设计反转情节？

12.5 抖音带货入门与实操,轻松开启赚钱路

扫码看视频

目的 通过简单实用的方法,帮助你在抖音上开始短视频带货,明确具体步骤,顺利实现赚钱目标。

操作

错误提问:我想做短视频带货。

> 提问过于模糊,AI 无法提供针对性回答

正确提问:

- **我是谁**——我是一个想在抖音做短视频带货的普通人;
- **我遇到的问题**——不知道如何开始,具体步骤是什么;
- **问题的具体情况**——想通过短视频带货赚钱,但没有经验;
- **我想要什么**——请 AI 告诉我短视频带货的具体步骤;
- **希望的结果**——顺利开始短视频带货,赚到钱。

小提醒

拍摄要点:
- 视频内容要真实有趣,避免硬性推销,保持自然感。

如果还有疑问,可以继续问 AI 以下问题。
- AI,如何选到爆款产品?
- AI,短视频带货怎么提高转化率?

12.6 抖音直播赚钱流程,带你开启直播之旅

扫码看视频

通过简单实用的方法,帮助你在抖音上开始直播带货,明确具体步骤,顺利实现赚钱目标。

错误提问:我想做直播带货。

> 提问过于模糊,AI 无法提供针对性回答

正确提问:
- **我是谁** —— 我是一个想在抖音做直播带货的普通人;
- **我遇到的问题** —— 不知道如何开始,具体步骤是什么;
- **问题的具体情况** —— 想通过直播带货赚钱,但没有经验;
- **我想要什么** —— 请 AI 告诉我直播带货的具体步骤;
- **希望的结果** —— 顺利开始直播带货,赚到钱。

直播要点:
- 直播内容要真实有趣,避免硬性推销,保持自然感。

如果还有疑问,可以继续问 AI 以下问题。
- AI,如何选到爆款产品?
- AI,直播带货怎么提高转化率?

12.7 粉丝运营与变现策略,让流量变现金

扫码看视频

 目的　通过简单实用的方法,帮助你在直播间人少的情况下,通过话术和技巧留住观众,提升互动和人气。

 操作

错误提问:我想提升直播间人气。

> 提问过于模糊,AI 无法提供针对性回答

正确提问:
- **我是谁** —— 我是一个新手主播,直播间人少;
- **我遇到的问题** —— 不知道如何留住观众,缺乏话术和技巧;
- **问题的具体情况** —— 直播间观众少,互动不足,想提升留人效果;
- **我想要什么** —— 请 AI 告诉我留住观众的话术和技巧;
- **希望的结果** —— 提升直播间人气,留住更多观众。

 小提醒

互动要点:
- 保持热情和耐心,即使人少也要积极互动。

如果还有疑问,可以继续问 AI 以下问题。
- AI,如何让直播间更有吸引力?
- AI,直播时如何应对冷场?

12.8 应对竞争与困难,豆包帮你突破困境

扫码看视频

 目的 通过简单实用的方法,帮助你在有一定粉丝基础的情况下,通过粉丝运营和变现策略,实现账号的持续增长和收入提升。

 操作

错误提问:我想做粉丝运营。

提问过于模糊,AI无法提供针对性回答

正确提问:

- **我是谁** —— 我是一个有一定粉丝量的主播;
- **我遇到的问题** —— 不知道如何进行粉丝运营和变现;
- **问题的具体情况** —— 粉丝量增加,但缺乏运营和变现方法;
- **我想要什么** —— 请AI告诉我粉丝运营和变现的具体方法;
- **希望的结果** —— 通过粉丝运营和变现,实现账号的持续增长和收入提升。

 小提醒

运营要点:

- 粉丝运营要真诚,避免过度商业化,保持粉丝信任。

如果还有疑问,可以继续问AI以下问题。

- AI,如何提高粉丝的忠诚度?
- AI,直播带货怎么选品更赚钱?

第13章

探索豆包更多玩法,解锁无限可能

13.1 让豆包帮你创作歌曲,展现音乐才华

扫码看视频

想让豆包帮你创作一首超棒的歌曲吗?超简单,几步就能轻松搞定,快来看看具体步骤吧。

1. 打开豆包 App

在手机里找到豆包 App 的图标,点一下,把它打开,就像平常打开其他手机软件一样。

2. 进入"音乐生成"功能

App 一打开,你就来到主对话界面啦。界面下面有一排功能按钮,仔细找找,看到"音乐生成"按钮就点进去。

3. 选择歌曲类型

这时候豆包就会问你想写啥类型的歌,是民谣、流行,还是摇滚呢?你直接告诉它就行,比如你说:"我想要一首流行歌曲。"要是你想给小朋友听,就说:"我想要一首轻快的儿歌。"

4. 描述歌曲内容

接着要告诉豆包你想写的歌是什么主题的。比如你心里想着爱情,那就说:"我想写一首关于爱情的歌。"要是你最近旅游特别开心,就说:"我想写一首关于旅行的歌。"

5. 生成歌词和旋律

豆包可厉害啦,它会根据你说的内容,马上生成歌词和旋律。你要是想听歌词,就让它读给你听;想听听旋律,也能让它播放。

6. 调整和修改

要是你听了觉得不太满意,别着急。你就跟豆包说具体

的想法，比如"把副歌部分改得更有力量"，或者"旋律再欢快一点"，它就会按照你的要求帮你调整。

7. 保存和分享

等你对歌曲满意了，就可以让豆包把这首歌保存到你的手机里，以后想听随时能听。要是你觉得这首歌特别好，想跟朋友炫耀一下，也能直接分享给他们。

13.2 让豆包帮你写作，诗歌一挥而就

扫码看视频

想用豆包写一首赞美春天的七言绝句？超简单，几步就能轻松搞定，快来看看具体步骤吧。

1. 打开豆包 App

在手机里找到豆包 App，打开它。

2. 进入"帮我写作"功能

App 打开后，你就来到主对话界面啦，界面下方有一排功能按钮，仔细找找，看到"帮我写作"按钮就点进去。

3. 选择写作类型

这时候豆包会问你想写啥类型的内容，像文章、宣传文案、诗歌，等等。你直接跟它说："我想写一首七言绝句。"

4. 描述写作主题

接着要告诉豆包你想写的诗是什么主题，比如你就说："我想写一首赞美春天的七言绝句。"

5. 生成诗歌

豆包可厉害啦，它会根据你说的内容，马上生成一首七言绝句，比如这首"春风拂面花满枝，燕子归来报春时。绿柳轻摇映碧水，人间四月最相宜。"

6. 调整和修改

要是你对生成的诗不太满意，别担心。你跟豆包说具体的想法，比如"把第二句改得更生动一点"，或者"让整首诗再优美一些"，它就会按照你的要求帮你调整。

7. 保存和分享

等你对这首诗满意了，就可以让豆包把这首诗保存到你的手机里，以后随时能看。要是你觉得这首诗写得特别好，想跟朋友炫耀一下，也能直接分享给他们。

13.3 让豆包帮你生成图片，品尝创意视觉盛宴

扫码看视频

想用豆包生成一幅超棒的图吗？超简单，几步就能轻松搞定，快来看看具体步骤吧。

1. 打开豆包 App

在手机里找到豆包 App，打开它。

2. 进入"AI 生图"功能

App 打开后，你就来到主对话界面啦，界面下方有一排功能按钮，仔细找找，看到"AI 生图"按钮就点进去。也可以在豆包的主界面下方点击"创作"按钮，进入创作界面，点击"开始创作"按钮，选择"AI 生图"。

3. 描述你想生成的图片

接着，把你脑海里想要的图片的样子告诉豆包。比如你说："我想生成一幅春天的风景图，有花有树还有小溪。"说得越详细，生成的图就越符合你的想法。

4. 选择图片风格（可选）

这时候，豆包可能会问你喜欢什么风格的图，像卡通、写实、油画，等等。要是你心里有偏好，就直接告诉它："我想要卡通风格。"或者说："我想要写实风格。"要是没啥特别要求，跳过这步也可以。

5. 生成图片

豆包可厉害啦，它会根据你说的内容，马上生成一幅图。生成后你就能预览图片，看看是不是自己想要的。

6. 调整和修改

要是你对生成的图片不太满意，别着急。你跟豆包说具体的想法，比如"把花的数量改得多一点"，或者"让小溪再清晰一些"，它就会按照你的要求帮你调整。

7. 保存和分享

等你对图片满意了，就可以让豆包把图片保存到你的手机里，以后想看随时能看。要是你觉得这图特别好，想跟朋友炫耀一下，也能直接分享给他们。

13.4
让豆包帮你的图片动起来，惊艳众人

扫码看视频

想用豆包把图片变成超有趣的动态图吗？超简单，几步就能轻松搞定，快来看看具体步骤吧。

1. 打开豆包 App

在手机里找到豆包 App，打开它。

2. 进入"照片动起来"功能

App 打开后，你就来到主对话界面啦，界面下方有一排功能按钮，仔细找找，看到"照片动起来"按钮就点进去。也可以在豆包的主界面下方点击"创作"按钮，进入创作界面，点击"开始创作"按钮，选择"照片动起来"。

3. 选择要动的图片

你可以从自己的手机相册里挑一张喜欢的图片，要是想用刚刚生成的那张图，也没问题。找到图片后，点一下，就把它选中啦。

4. 描述动态效果

接下来，把你希望图片怎么动的想法告诉豆包。比如你可以说："我想让小溪的水流动起来。"要是你喜欢花的动态，就说："我想让花随风摇摆。"说得越清楚，最后生成的动态图就越合你心意。

5. 生成动态图

豆包可厉害啦，它会根据你说的内容，把静态的图片变成动态图。生成后，你就能预览效果，看看是不是自己想要的那种感觉。

6. 调整和修改

要是你对生成的动态图不太满意，别着急。你跟豆包说具体的想法，比如"让水流再快一点"，或者"把花摇摆的幅度弄得再大一些"，它就会按照你的要求帮你调整。

7. 保存和分享

等你对动态图满意了，就可以让豆包把这幅动态图保存到你的手机里，以后想看随时能看。要是你觉得这幅动态图做得特别好，想跟朋友炫耀一下，也能直接分享给他们。

13.5 让豆包帮你搜热点,紧跟潮流步伐

扫码看视频

想用豆包找感兴趣的话题和热点?超简单,几步就能轻松搞定,快来看看具体步骤吧。

1. 打开豆包 App

在手机里找到豆包 App,打开它。

2. 进入"豆包日报"功能

App 打开后,你就来到主对话界面啦,界面下方有一排功能按钮,仔细找找,看到"豆包日报"按钮就点进去。

3. 浏览热点话题

一进入"豆包日报",就能看到当下的热点新闻和话题。上下滑动屏幕,你就能把这些内容都看个遍。

4. 搜索感兴趣的话题

要是你心里有特别想找的话题,就在聊天框里输入关键词。比如你要是想了解科技方面的事儿,就输入"科技新闻";要是对娱乐圈的八卦感兴趣,就输入"娱乐八卦"。

5. 阅读详细内容

看到感兴趣的话题,直接点进去,豆包就会把详细的新闻内容或者相关讨论都展示出来。这下你就能仔仔细细阅读,把事情的来龙去脉都弄清楚了。

6. 保存或分享

要是看到某条新闻特别有意思,想以后再看,就点一下"保存"按钮,它就被保存到你手机里了。要是想和朋友分享,那就点"分享"按钮,直接发给他们。

7. 设置提醒（可选）

要是你对某个话题特别关注，还能设置提醒，比如说："有新科技新闻时通知我。"这样一有新内容豆包就会提醒你。

13.6 让豆包和你聊天，畅所欲言无界限

扫码看视频

想用豆包主界面下面的"打电话"按钮和豆包愉快聊天吗？超简单，几步就能轻松搞定，快来看看具体步骤吧。

1. 打开豆包 App

在手机里找到豆包 App，打开它。

2. 进入"打电话"功能

App 打开后，进入"对话"界面，界面下方有一排功能按钮，仔细找找，看到"打电话"按钮就点进去。（也可以点击界面上方的电话按钮，和豆包聊天）。

3. 开始和豆包聊天

点了"打电话"按钮后，豆包就会接通电话。这时候你直接用语音和它聊天就行啦，想问今天天气咋样，就说："今天天气怎么样？"，想听笑话就说："给我讲个笑话。"

4. 声音设置

要是你觉得豆包说话的声音太小或者太大，在通话界面就能调整音量。要是你想用耳机或者连接蓝牙设备通话，也可以点击"设置"按钮进行选择。

5. 其他设置

在"设置"里还有更多能调整的地方，比如语音播报的音量和速度。你要是觉得音量小，就说："把音高调高一

点。"要是觉得语速太快,就说:"语速慢一点。"

13.7 让豆包帮你点歌,随时随地享受音乐

扫码看视频

想用豆包给自己点喜欢的歌听吗?超简单,几步就能轻松搞定,快来看看具体步骤吧。

1. 打开豆包 App

在手机里找到豆包 App,打开它。

2. 进入"来点音乐"功能

App 打开后,你就来到主对话界面啦,界面下方有一排功能按钮,仔细找找,看到"来点音乐"按钮就点进去。

3. 选择歌曲类型

刚点进去,豆包就会问你想听啥类型的歌,像流行、摇滚、民谣这些。你直接告诉它就行,比如你说:"我想听一首流行歌曲。"要是想给小朋友听,就说:"我想听一首轻快的儿歌。"

4. 描述歌曲内容

接着,你得跟豆包说说你想听啥主题的歌。比如你心里想着爱情,就说:"我想听一首关于爱情的歌。"要是最近夏天到了,就说:"我想听一首关于夏天的歌。"

5. 播放歌曲

豆包可厉害啦,它会根据你说的内容播放歌曲,然后你就可以直接听啦。

6. 声音设置

要是你觉得歌曲声音太小或者太大，在播放界面就能直接调整音量。要是你想用耳机或者连接蓝牙设备听，也可以点击"设置"按钮进行选择。

7. 其他设置

在"设置"里还有更多好玩的设置，比如音效。要是你喜欢重低音的感觉，就说："低音重一点。"要是希望高音更清晰，就说："高音清晰一点。"

13.8 让豆包帮你解题答疑，知识难题全攻克

扫码看视频

学习或者工作中碰上难题别发愁，豆包主界面下面的"拍题答疑"功能能帮大忙，不管是数学题、语文题还是英语题，都不在话下。快来看看具体步骤吧。

1. 打开豆包 App

在手机里找到豆包 App，打开它。

2. 进入"拍题答疑"功能

App 打开后，你就来到主对话界面啦，界面下方有一排功能按钮，仔细找找，看到"拍题答疑"按钮就点进去。

3. 拍照或上传题目

要是你想用手机摄像头拍题目，就直接对准题目拍；要是之前已经拍好了，存在手机相册里，就从手机相册里把题目图片上传到豆包。

4. 等待豆包分析

豆包可厉害啦，它会自动识别题目内容，然后给出详细的解答步骤和答案，你就耐心等一会儿。

5. 查看解答

豆包把解答过程显示出来后，你就可以仔仔细细阅读每一步，这样就能理解解题思路啦。

6. 调整和修改

要是你觉得豆包解答得不太清楚，比如某一步没看懂，就跟豆包说："把第二步解释得更详细一点。"或者你想换种解题方法，就说："换个方法解答。"豆包会按你的要求调整。

7. 保存和分享

等解答完了，要是你觉得这个解答对你很有帮助，想以后再看，就可以让豆包把解答保存到手机；要是你朋友也有同样的难题，你也能直接分享给朋友。

举个例子

你点开"拍题答疑"按钮，拍下一道数学题"$2x+3=7$，求 x 的值"。豆包马上就给出解答过程："第一步：$2x=7-3$；第二步：$2x=4$；第三步：$x=2$"。你一看，觉得讲得很清楚，对自己有帮助，就可以保存下来啦。

总之，用豆包的"拍题答疑"功能解决难题特别简单，只要拍一下题目，就能轻轻松松得到解答过程和答案，赶紧试试吧！

第 14 章

用好豆包小窍门，体验升级超畅快

14.1 生成你的智能体,开启独特互动体验

扫码看视频

随着豆包的升级,智能体创建流程更加简洁、高效。以下是智能体的生成步骤,帮助你快速打造专属 AI 助手。

1. **打开豆包 App**

在手机里找到豆包 App,打开它。

2. **进入智能体管理界面**

打开 App 后,点击底部导航栏的"智能体"按钮,进入智能体管理界面。

3. **创建智能体**

在图 14-1 所示的智能体管理界面,点击"创建 AI 智能体"按钮,进入智能体设置界面。

4. **设置智能体**

在图 14-2 所示的 AI 智能体设置界面,对智能体进行以下个性化设置。

- **设置智能体形象**。可以从默认头像库中选择或上传自定义图片。
- **设置名称**。输入智能体的名称,例如:"小智"或"健康小助手"。名称应简洁易记,符合智能体的功能定位。
- **设定描述**。描述智能体的功能和特点,例如:"这是一个学习助手,可以帮助你查资料、背单词和制订学习计划。"描述应清晰明了,便于用户理解。
- **设置声音**。选择智能体的声音类型,如"温柔桃子"或"悠悠君子"。根据智能体的定位选择合适的声音风格。

图 14-1 智能体管理界面　　图 14-2 AI 智能体设置界面

- **设置语言**。选择智能体的语言，如"中文"或"英语"，满足不同用户需求。
- **设置是否公开**。设置智能体的可见范围，如"私密·仅自己可对话"或"公开·所有人可对话"。如果选择公开，其他用户也可以使用你的智能体。
- **更多高级设定**。点击"更多高级设定"，可以进一步调整智能体的细节，目前支持以下 3 个功能。
  - ◆ **介绍**。设置智能体的自我介绍，例如："你好，我是你的学习助手小智，我可以帮你查资料、背单词和制订学习计划。""你好，我是健康小助手，我可以为你推荐饮食和运动计划。"

- **开场白**。设置智能体与用户互动时的开场白,例如:"今天想学点什么?我可以帮你查资料或背单词哦!""今天感觉怎么样?需要我为你推荐健康计划吗?"
- **建议回复**。设置智能体的常用回复建议,例如:当用户问:"怎么背单词更高效?"时,建议回复:"可以试试每天背10个单词,结合例句记忆哦!"当用户问:"今天吃什么比较好?"时,建议回复:"推荐你吃清淡的蔬菜沙拉,搭配鸡胸肉,健康又美味!"

5. **保存并使用**

完成所有设置后,点击"创建智能体"按钮,智能体将保存到个人主页的"智能体"列表中,也会展示在豆包主界面。你可以随时使用或修改智能体。

举个例子

你进入"智能体中心",点击"创建智能体",然后设置:
选择智能体的形象:戴眼镜的卡通形象
设置名称:"小智"
设定描述:"这是一个学习助手,可以帮助你查资料、背单词和制订学习计划。"
设置声音:男声
设置语言:中文
设置是否公开:仅自己可见
高级设定:
介绍:"你好,我是你的学习助手小智,我可以帮你查资料、背单词和制订学习计划。"
开场白:"今天想学点什么?我可以帮你查资料或背单词哦!"

建议回复：

当用户问："怎么背单词更高效？"时，建议回复："可以试试每天背 10 个单词，结合例句记忆哦！"

创建智能体后，你的专属学习助手"小智"就诞生了！

智能体的设置可以随时修改，根据需求灵活调整。

如果还有疑问，可以继续问 AI 以下问题。
- AI，如何让智能体更懂我的需求？
- AI，智能体可以同时具备多种功能吗？

14.2 智能体个性设置，打造独一无二的它

扫码看视频

在智能体使用过程中，你可以随时根据个人喜好进行个性化再设置，让智能体更符合你的需求和风格。以下步骤帮助你轻松打造独一无二的智能体。

1. 打开豆包 App

在手机里找到豆包 App，打开它。

2. 进入"我的"界面

打开 App 后，点击底部导航栏的"我的"按钮，进入个人主页。

3. 进入智能体列表

在个人主页中，找到智能体列表（如图 14-3 所示），点击进入你已创建的智能体。

图 14-3　智能体列表

4. 进入智能体主界面

点击你想要设置的智能体,进入智能体主界面,点击左上角的智能体图标或右上角的"三个点"图标(如图 14-4 所示),进入智能体设置主界面(如图 14-5 所示),开始进行个性化设置。

- **设置智能体形象**。点击头像,从默认头像库中选择或上传自定义图片,更换智能体形象。
- **查找聊天内容**。点击"查找聊天内容"选项,可以快速搜索与智能体的历史对话记录。
- **智能体设定**。点击"智能体设定"选项,可以修改智能体的名称和设定描述。
- **设置声音**。点击"声音"选项,选择你喜欢的声音类型。

14.2 智能体个性设置，打造独一无二的它

图 14-4　智能体主界面　　　图 14-5　智能体设置主界面

- **设置语言。** 点击"语言"选项，选择智能体的语言。
- **添加到桌面。** 点击"添加到桌面"选项，可以将智能体快捷方式添加到手机桌面，方便快速使用。
- **清除上下文。** 点击"清除上下文"选项，可以清除智能体的历史对话记录，重新开始互动。

举个例子：
原设置：
　　头像：默认形象
　　名称："学习助手"
　　设定描述："帮助我学习"
　　声音：默认女声

重新设置：

你进入"我的"界面，点击"智能体列表"，选择"学习助手"，然后点击右上角的"三个点"，进入个性化设置：

头像：戴眼镜的卡通形象

名称："小智"

设定描述："帮我制订学习计划并提醒任务"

声音设定：克隆我的声音

完成后，你的智能体"小智"就会以全新的形象和功能为你服务！

>
> 智能体设置可以随时修改，根据需求灵活调整。
> **如果还有疑问，可以继续问 AI 以下问题。**
> - AI，如何让智能体更懂我的需求？
> - AI，智能体可以同时具备多种功能吗？

14.3 与豆包的智能体交朋友，乐趣无穷

扫码看视频

现在你可以通过多种方式快速构建你需要的智能体并与它互动。以下的操作步骤帮助你轻松与智能体交朋友。

1. **打开豆包 App**

在手机里找到豆包 App，打开它。

2. **进入智能体管理界面**

打开 App 后，点击底部导航栏的"智能体"按钮，进入智能体管理界面，如图 14-6 所示。

图 14-6 智能体管理界面

3. 搜索智能体

在智能体管理界面,你可以通过以下两种方式找到需要的智能体。

- **方式一**:关键词搜索。在搜索框中输入关键词,如"学习助手"或"健康顾问"。点击搜索按钮,查看相关智能体列表。
- **方式二**:分类选择。浏览智能体管理界面上方的分类标签,如下所示。
    - ◆ **推荐**:系统根据你的使用习惯推荐智能体。
    - ◆ **精选**:豆包精选的热门智能体。
    - ◆ **拍照问**:根据图片进行回答的智能体。

- ◆ **学习**：学习助手、背单词工具等。
- ◆ **生活**：健康顾问、旅行规划师等。
- ◆ **近期上新**：最新上线的智能体。
- ◆ ……

点击分类标签，找到你感兴趣的智能体。

4. 选择智能体

找到你需要的智能体后，点击进入智能体详情页，查看功能介绍和用户评价。如果觉得合适，可以通过以下两种方式添加智能体。

- **直接对话**：点击智能体，进入对话界面，开始互动。对话结束后，智能体会自动添加到豆包主界面。
- **直接添加**：点击智能体右侧的"加号"按钮，智能体会直接添加到豆包主界面。

5. 开始互动

添加完成后，返回豆包主界面，在列表中找到刚添加的智能体。点击进入，开始与智能体互动，例如对学习助手说："帮我检查一下今天的作业。"对健康顾问说："给我推荐一个运动计划。"

6. 调整和修改

如果对智能体的回答不满意，可以提出调整需求，例如："作业提醒再详细一些。""把运动计划改得简单一点。"智能体会根据你的需求优化回答。

> **小提醒**
>
> 智能体可以随时添加或删除，根据需求灵活调整。
> **如果还有疑问，可以继续问 AI 以下问题。**
> - AI，如何找到更适合我的智能体？
> - AI，智能体的回答可以更个性化吗？

14.4 在豆包里用自己的声音说话，超有代入感

扫码看视频

想让豆包用你的声音回答问题吗？只需简单几步，就能轻松实现！以下是详细的操作步骤。

1. 打开豆包 App

在手机里找到豆包 App，打开它。

2. 进入设置界面

进入豆包聊天框，点击左上角的头像或右上角的"三个点"图标，进入设置界面。

3. 进入"智能体声音"界面

在设置界面，点击"声音"选项，进入"智能体声音"界面，如图 14-7 所示。

图 14-7 "智能体声音"界面

4. 选择"克隆我的声音"

在"智能体声音"界面中，点击"克隆我的声音"选项。

5. 录制自己的声音

按照提示，自己的声音，例如："你好，我是豆包。""今天天气怎么样？"确保录音清晰，语速适中。

6. 保存设置

录制完成后，豆包会生成你的专属语音。点击"完成"，生成的声音会自动保存在"我的"分类中。点击"我的"，找到刚刚生成的语音，点击右侧的"+"按钮，将其设置为豆包的答复声音。

7. 测试效果

返回主界面，与豆包聊天，听听它是否用你的声音回答。如果对效果不满意，可以重新录制或调整设置。

录音时尽量选择安静的环境，确保声音清晰。
如果还有疑问，可以继续问 AI 以下问题。
- AI，如何让自定义声音更自然？
- AI，录制声音时需要注意什么？

14.5 好内容随时分享，文件导出轻松搞定

扫码看视频

在豆包中发现有趣或实用的内容时，你可以轻松分享给朋友或导出文件，以下是详细的操作步骤。

1. 分享内容

（1）打开豆包 App

在手机里找到豆包 App，打开它。

（2）找到要分享的内容

浏览豆包生成的内容，例如一篇文章、一首歌或一张图片。

（3）点击"分享"按钮

在内容界面，点击"分享"按钮，如图 14-8 所示。

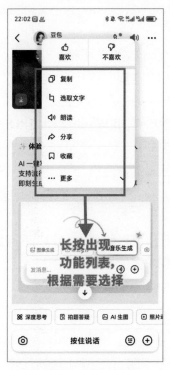

图 14-8 "分享"按钮

（4）选择分享方式

选择你喜欢的分享方式，例如微信、QQ、短信等。点击后，系统会跳转到对应的应用。

（5）发送内容

选择好友或群聊,点击"发送"按钮,内容就会分享出去。

2. 导出文件

(1)打开豆包 App

在手机里找到豆包 App,打开它。

(2)找到要保存导出的内容

浏览豆包生成的内容,例如一篇文章、一首歌或一张图片。

(3)点击"导出文件"按钮

长按想要导出的内容,弹出功能列表。如果没有"导出文件"按钮,点击"更多",找到"导出文件"选项并点击,根据系统推荐的格式(如 Word 文档、PDF 文件、TXT 文件等),按提示操作即可。

> **小提醒** 分享和导出功能简单易用,适合与朋友分享或保存重要内容。
> **如果还有疑问,可以继续问 AI 以下问题。**
> • AI,如何将内容保存为 PDF?
> • AI,分享内容时如何选择格式?

14.6 收藏内容哪里找,轻松查找不迷路

扫码看视频

在豆包中可以随时查看和管理收藏的好内容,以下是详细的操作步骤,帮助你轻松找到所需内容。

1. **打开豆包 App**

   在手机里找到豆包 App，打开它。

2. **收藏想要的内容**

   找到你想要收藏的内容，例如一篇文章、一张图片或一首歌。长按内容，弹出功能列表，点击"收藏"按钮。

3. **进入"我的"界面查看收藏内容**

   在豆包主界面，点击右下角的"我的"按钮，进入个人主页。在个人主页中，找到"收藏"选项，点击进入。

4. **浏览收藏的内容**

   在"收藏"界面，你可以看到之前保存的所有内容。可以上下滑动屏幕，浏览这些内容。

5. **查看内容详情**

   点击你想要查看的内容，豆包会显示详细内容。你可以仔细阅读文章、查看图片或者播放歌曲。

6. **复制并分享**

   长按想要分享的内容，弹出功能列表，点击"复制"按钮。将内容粘贴到微信、QQ 等社交平台，与朋友分享。

举个例子

你打开豆包 App，进入"我的"界面，点击"收藏"，找到之前保存的一篇关于旅行的文章。点击查看详细内容后，你觉得不错，长按内容并点击"复制"，将文章分享给朋友。

收藏功能适合保存重要内容，方便随时查看。

如果还有疑问，可以继续问 AI 以下问题。

- AI，如何快速找到收藏的内容？
- AI，收藏的内容可以分类吗？

14.7 豆包提问小技巧,获取精准答案

要想让豆包更好地帮你解决问题,记住以下小技巧,轻松获取精准答案。

1. 问题要具体

避免提问过于模糊,例如:"今天吃什么?"改为具体问题,例如:"家里有土豆、青椒和肉,帮我推荐一道简单的家常菜。"具体问题能让豆包更准确地理解你的需求,提供更符合你期望的答案。

2. 复杂问题拆开问

如果问题太大或太复杂,可以拆分成几个小问题。例如,"怎么省钱?"这个问题可以拆分为以下3个问题。

- "日常生活中怎么节省水电费?"
- "超市购物有哪些省钱技巧?"
- "怎么规划每月的开销?"

分步提问能让豆包更有针对性地解答,帮助你逐步解决问题。

3. 举例说明

通过举例让豆包更清楚你的需求。例如,你想让豆包推荐电视剧,可以说:"我喜欢《乡村爱情》这种轻松搞笑的电视剧,帮我推荐类似的。"举例能让豆包更好地理解你的偏好,提供更符合你口味的推荐。

举个例子

你想了解如何照顾家里的绿植,可以这样提问:

"绿萝怎么浇水才能长得更好?"

"家里光照不足,适合养什么植物?"

"怎么防止绿植长虫子?"

通过具体、分步的提问,豆包会给出更详细、更有用的答案。

提问时尽量清晰、具体,豆包的回答会更精准。
如果还有疑问,可以继续问 AI 以下问题。
- AI,如何让提问更清晰?
- AI,复杂问题如何拆分?

结束语 | PERORATION

朋友们，读到这里，相信你已经对豆包有了全面的了解，也掌握了用它让生活更轻松、更高效的方法。豆包就像是一个随时待命的"智能小跟班"，无论是生活中的小烦恼，还是学习、工作中的难题，它都能帮你轻松搞定。

扫码看视频

这本书的目的，就是希望每个人都能用好豆包，让它成为你生活中的得力助手。无论你是想辅导孩子写作业、写文章、拍短视频，还是想通过抖音赚钱，豆包都能为你提供实用的解决方案。它的功能强大，操作却很简单，只要你愿意尝试，就能发现它的无限可能。

生活中总会有各种各样的问题，但有了豆包，很多事都能变得简单。它不仅能帮你省时省力，还能让你学到新技能，甚至为你打开一扇通往新世界的大门。无论是年轻人、老人，还是孩子，都能从豆包中找到适合自己的使用方法。

最后，希望大家能真正把豆包用起来，让它成为你生活中的好帮手。无论是解决日常琐事，还是追求更大的梦想，豆包都会一直陪在你身边，为你提供支持。

生活可以更简单，也可以更有趣。让我们一起用好豆包，开启更高效、更精彩的生活吧！